ビジュアルガイド　もっと知りたい数学❶

「数」はいかに
世界を変えたか

NUMBERS HOW COUNTING CHANGED THE WORLD

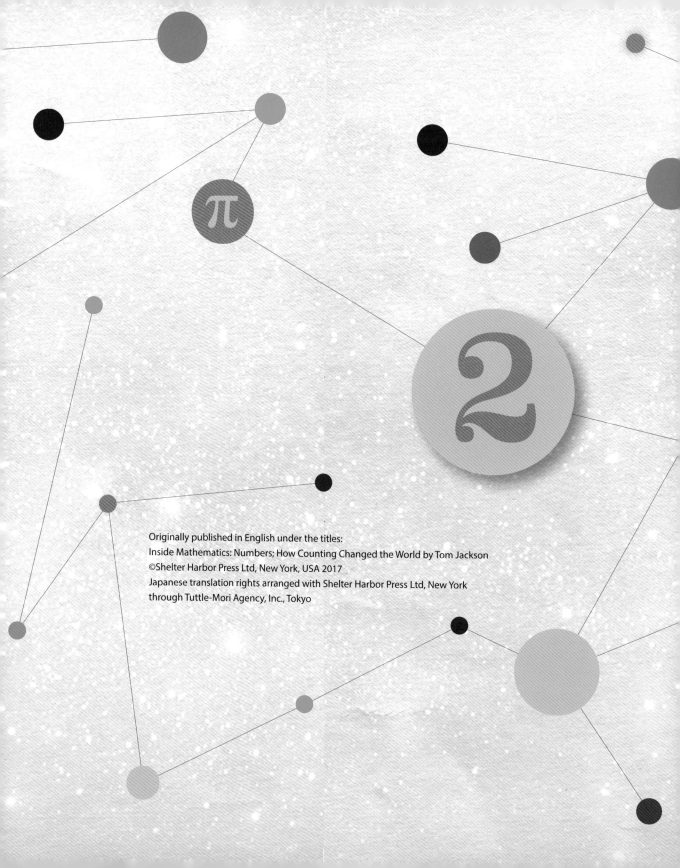

Originally published in English under the titles:
Inside Mathematics: Numbers; How Counting Changed the World by Tom Jackson
©Shelter Harbor Press Ltd, New York, USA 2017
Japanese translation rights arranged with Shelter Harbor Press Ltd, New York
through Tuttle-Mori Agency, Inc., Tokyo

ビジュアルガイド　もっと知りたい数学 ①

Inside MATHEMATICS

「数」はいかに世界を変えたか

Numbers

How Counting Changed the World

トム・ジャクソン 著
緑慎也 訳

創元社

はじめに
Introduction

数学なんて嫌いだと悪口を叩く人は多い。いったい何のために学ぶのかわからないことがらが、数学にはけっこうあるからだ。ぜひこの本を読んで、数学に秘められた物語を発見してほしい。小学校でやらされた計算問題や、数学の試験の難問がどこから生まれ、誰がそれを発見したのかがわかるはずだ。そしてもっとも重要なこと、数学者たちがなにを探し求めていたのかも。

数学は数からはじまった

数学はどんなふうにはじまったのだろう？　明らかだと思われるかもしれないが、実際、それはものを数えたり、量を測ったりすることからはじまった。算数で最初に習うのはものの数え方で、それからある数と数を足したり引いたりして結びつける方法を学ぶ。これはワクワクする数学の世界への旅のはじまりにすぎない。数を扱うはるかに複雑で強力な手段を学ぶのはその後だ。しかし残念ながら、おそらくほとんどの人が、数学は計算し、九九を覚え、記号や条件を覚える苦行

16世紀、ふたりの数学者がそれぞれ異なる計算の手法を使って死闘を演じている。どちらが勝ったのか？　くわしくは24ページ。

小石はラテン語でcalculi。caluculate（計算する）という単語は、小石を積んでものを数えたことから来ている。

ヒマワリの種がつくるらせん模様は、フィボナッチ数列と呼ばれる一連の数の法則に従っている。

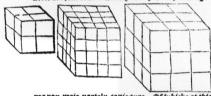

だとしか見ていない。なんのためにこんなことをやらされるのか？　たぶん、次のテストでいい成績をとるためだ、という具合に。

数を記録する

　話を戻して数学の成り立ちを考えてみよう。はじめのころ、数を数えることは、世界の事物を数に置き換えることだった。指の本数や家族の人数、あるいは一日の食事の回数を数えるのだ。なにを数えるにせよ、方法は同じ。最初の数である1からはじめて、自分が数えているものと同じものが増えたら1を足していく。10本の指も3回の食事も同じ方法で数えられる。財産でもお金でも、ものの数の記録を残すにはとてもいい方法だ。どれだけ数が多くても、正しい数量がわかる。数学の目的なんてそれで十分じゃないかと思うかもしれない。しかしよく考えてみてほしい。数える

下図　これは特別な長方形だ。この長方形は、黄金比と呼ばれる単純な比によって、より小さな相似の長方形に分けることができる。

上図　数は図形でも表せる。これらの立方体はそれぞれ8、27、64という最初の三つの立方数（三乗の数）を表している。これらもすべて1の集まりだ。

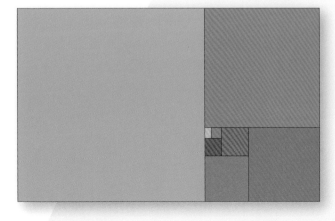

8

17世紀につくられた、
計算を素早く行う道具
「ネイピアの骨」。

足し算の記号「＋」は、
1360年に発明された。
フランス語のet（英語の
and）を短縮した記号だ。

パスカリーヌは世界初
の計算機のひとつだ。
1645年、23歳の天才
ブレーズ・パスカルに
よって発明された。

ことによって、なにか新しいもの、そう、「数」その
ものが生み出されているのだ。

内と外の真実

どの整数も、1を何度も足すことでつくれる。逆に、
1を数から引くこともできる。つまり、引き算だ。
かけ算も同じルールで、数（あるいは1のかたまり）
を何度も何度も足せばいいし、割り算はある数を何度
足せば別の数になるかを答えればいい。1を足し合わ
せるという単純な操作から出発して、最初の数学の法
則を一組つくることができた。これらの法則は実生活
で使えるのはもちろん、新たな宇宙を旅する乗り物に

1000000000

もなる。恒星やブラックホールがあるあの宇宙ではなく、すべてが想像を絶する方法でつながっている数の宇宙だ。

実際のところ、「想像を絶する」などと言うべきではない。というのは、数学とは純粋な想像の産物だからだ。数の宇宙は人間の精神の中だけに存在し、かつ無限だ。数学者たちは、何世紀にもわたり、果てしない数の海にひそむ法則と関係性を見つけ出そうとしてきた。数を用いて考える方法を一度身につければ、脳内の数学世界はまばゆい景色に変わる。もっとすばらしいのは、その輝きが現実世界にもはね返ってくることだ。別の言い方をすれば、数学はわたしたちの世界を記す言語なのである。

「無限」は、数学のもっとも強力な発明品のひとつだ。無限は一種類ではなく、無限よりさらに大きな無限もあるのだ！

数学はどこにでも存在する。ミズーリ州セントルイスにあるゲートウェイ・アーチにも。くわしくは140ページ。

これは10を100乗した数（グーゴル）だ。ずいぶん大きな数に見えるが、グーゴルプレックスに比べれば小さなものだ。くわしくは168ページ。

数を発明する
Inventing numbers

1、2、3、4... と来れば、次になにが来るかはわかるだろう。数の数え方は算数の授業で扱われる最初の項目だ。子どものころ習った数を、わたしたちは一生使いつづける。しかし数とは、そもそもどうやってできたのだろう。人間によって発明されたのか、それとも数はもともと存在していたのだろうか。

数を数えるにはたったひとつの数を知っていればいい。1だ。数学者はこの非常に特別な数を「単位元」とよび、それは単一のものを表す。ほかの自然数は1の集まりで、2はふたつの1だし、3は三つの1だ。以下同様。まったくもって単純な話で、あまりに単純なので、科学者たちは動物でさえも小さな数なら数えられるし、たとえば4は3より多いことがわかると考え

た（13ページのコラム参照）。動物はずっと物覚えが

数えるには、ただ1ずつ足していけばいい。割符の背後にはこの考え方がある。

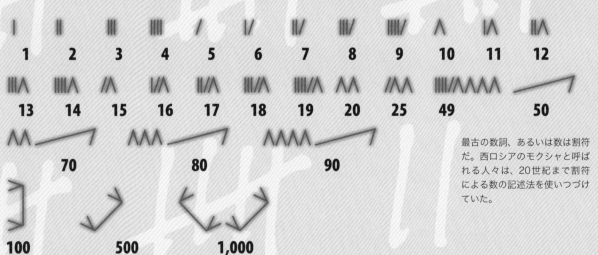

| 1 | 2 | 3 | 4 | 5 | 6 | 7 | 8 | 9 | 10 | 11 | 12 |

| 13 | 14 | 15 | 16 | 17 | 18 | 19 | 20 | 25 | 49 | 50 |

| 70 | 80 | 90 |

| 100 | 500 | 1,000 |

最古の数詞、あるいは数は割符だ。西ロシアのモクシャと呼ばれる人々は、20世紀まで割符による数の記述法を使いつづけていた。

よく、えさの量を比べて、より多くのえさがある場所を覚えることができる。正確な量を測って比べているのではないが、これは多い、あれは少ないという概念を理解しているのだ。ある種の鳥は特に数えるのが得意らしく、彼らは訓練を受けると、ごほうびのえさを集め、一定の量に達したところでえさ集めをやめることができる。

手の指、足の指

　数を表すうえでほかに重要な言葉に「桁」がある。いまではコンピューターにかかわること全般を示す「デジタル」は、英語で桁を表すdigitから来ている。

これは、コンピューターは数を使って動いているということを言っているにすぎない。digitには指（足の指もふくむ）という意味もある。言語学の専門家によると、数にかかわるほかの単語、特にten（十）やhundred（百）も古代の言語で指を表す言葉に由来するという。古代から人類は指を使って数えていたのだ。人間には10本の指があり、だからこそ10は数を構成するうえでとても重要な要素になった（17ページ参照）。10まで数えるのは指でじゅうぶんだが、さらに大きい数を数えたり、数を書き残したりするにはほかの手段が必要になる。現代にも知られている割符（画線法：「正」の文字などを書いて数を刻む方法）だ。

Column
小石を使う

初期の計算機。いくつか小石があればいい。

　石器時代の人たちも計算機を持っていた。calculate（計算）、calculator（計算機）という単語はcalx（ラテン語の「石」）から来ている。小さな石はラテン語でcalculiで、古代には計数機として使われた。羊飼いは群れの羊の数を毎朝数えるのに、小石の山を使った。羊1ぴきに小石ひとつだ。もし、夕方になって小石の数が羊の数と合わなかったら、羊飼いはこれから何びき捕まえに行かなければならないかわかるというわけだ。

12

割符を刻む

記録されたもっとも古い数は、骨に刻まれた割符だ。アフリカやヨーロッパでは、およそ3万年前の人類が骨に刻んだ跡が見つかっている。これは現代の割符に似ているが、この古代の割符はなにを記録しているのだろうか。

に書きかえることができる。数を表す仕組みが発達するには数百年の時間がかかったが（16ページ参照）、そのはじまりは単純な割符だったのだ。

数字をつくる

古代の割符が刻まれた骨には謎が残っている。たと

イシャンゴの骨。中央アフリカで発見された2万年以上前のもの。たくさんの刻み目が確認できる。

数えるのがかんたんに

割符はゲームの点数を記録したり、たくさんの同じものの数を数えたり、あるいは時とともに増えていく数の記録を残したりするかんたんな方法だ。すでに見てきたように、ひとつずつ刻みをつけるだけでいい。いっぽう、何回刻んだかわからなくなるという問題がすぐに生じる。そのため、割符を数えやすい単位でまとめるという方法が生まれた。最も一般的で近代的な方法は、5本めの刻みを前の4本を横切るようにつけることだ。この横切る刻みが5を意味する（5なのはおそらく指が5本だからだ）。つづけて6、7、8、9本目を刻んだら、10本目はまた横切らせる。こうして割符の印は便利に使われ、刻み終わったあとは印の本数を数を表す記号、たとえば53とか691といった形

えばイシャンゴの骨（上の写真）には倍数の組が記録されている。3と6、4と8、そのほかにも、たとえば5、13、19という素数（58ページ参照）の並びもある。この骨は単になにかの数量、持ち物の数とか一族の人数とかを記録しているのではなさそうだ。数学者はこの割符がなにか複雑な計算に使われたと推測しているが、どんな計算かはわからない。目的がなんであれ、イシャンゴの骨やそれに類するものからは、ただの刻み目や1の集まりから数学が生まれたことを示している。

記録を残す

何世紀も経って、世界中で文明が興り、支配者と軍隊と都市が生まれた。法や税の制度もつくられ、だれ

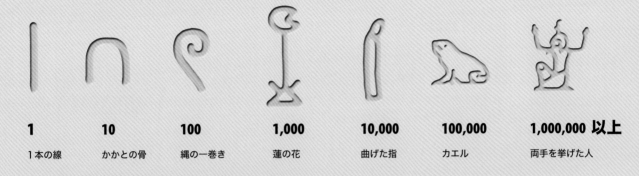

1	10	100	1,000	10,000	100,000	1,000,000 以上
1本の線	かかとの骨	縄の一巻き	蓮の花	曲げた指	カエル	両手を挙げた人

がどんな価値のある財産を持っているかを記録する必要が生じた。わたしたち人類が文字を発明したのはそのためだ。そこに大きな数を表すしくみが含まれていた。その痕跡は古代エジプトから中国まで、世界中で、ローマ数字や骨の刻み目からたどることができる。

結び目の数

南アメリカの古代文明では、数えることは縄の結び

エジプトのヒエログリフでは上のように数を表していた。1は1本の線。数は大きい順に並べて表す。右のピンク色の数は「2016」という意味だ。

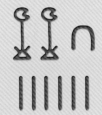

目とまさに結びついていた。ペルーのインカ文明に文字はなかったが、キープと呼ばれる道具を使って数を記録していた。キープは結び目のある何本かの

Column 一目でわかる

4まではわざわざ数える必要がない。人間の脳は4までの数なら見ただけでぱっと認識できるからだ。5から上でもまだかなりの速さで認識できる。しかしさらに2、3個増えると……。

試してみよう。上のチョコレートをひとつ手で隠して、いくつあるかすぐにわかるだろうか。手を外してもう一度見たら、さっきより少し時間がかかるのでは？

14

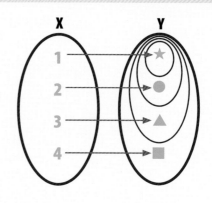

Column
**数を
数える**

　数えるために使われるのは自然数と呼ばれる数の集合だ。自然数には1とそれより大きな整数がすべて含まれ、0は入らない。自然数の集合（X）は数えられるものの数量（Y）と等しい。自然数の集合にはかならず1が含まれ、どこまでも増やすことができる。2までの集合はふたつのものと対応し、3までの集合は三つのものと対応する。下の表は100までの自然数の集合だ。ここまでの話はすべて当たり前なことに思えるかもしれない。しかしあなたは後に数えられない集合というものに出会うだろう（152ページ「無限」の項を参照）。

1	2	3	4	5	6	7	8	9	10
11	12	13	14	15	16	17	18	19	20
21	22	23	24	25	26	27	28	29	30
31	32	33	34	35	36	37	38	39	40
41	42	43	44	45	46	47	48	49	50
51	52	53	54	55	56	57	58	59	60
61	62	63	64	65	66	67	68	69	70
71	72	73	74	75	76	77	78	79	80
81	82	83	84	85	86	87	88	89	90
91	92	93	94	95	96	97	98	99	100

縄で、多いときは1000本にのぼるものもあった。この驚くべき道具は、16世紀のスペイン来航のときにはほとんど残っていなかったが、日付や資源の量の記録に使われていたことはたしかだ。キープは建築計画や歴史、宗教儀式などの重要な事項を表す数学的な道具でもあったと考えられている。

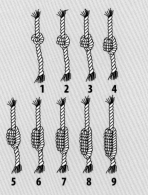

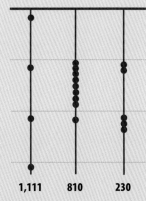

キープは結び目の長さで1から9までの数字を表し、結び目の位置で10、100、1000などの桁を表した。

参照：
ゼロ…30 ページ
集合…160 ページ

数の表記法
Number systems

数 ははじめ、量を書き表すために使われた。お
そらくは借金や個人の財産、農地の広さなど
を主に記すためだったのだろう。黎明期の数のしくみ
は現代のものとはかなり異なっていて、元来単純なも
のをかなり複雑に表していた。

暗算はとても大事な技術だ。だれもが買い物の額の
合計などの単純な計算を頭の中でできる方法を知りた
がっている。いっぽう複雑な計算については、紙とペ
ンを使って、単純な要素に分解しながら行うのが一番
だ。そのためには数を紙の上に記さなければならな
い。現在使われている数の表記法（表し方）はインド・

1	𒁹	11	𒌋𒁹
2	𒈫	12	𒌋𒈫
3	𒐈	13	𒌋𒐈
4	𒐉	14	𒌋𒐉
5	𒐊	15	𒌋𒐊
6	𒐋	16	𒌋𒐋
7	𒐌	17	𒌋𒐌
8	𒐍	18	𒌋𒐍
9	𒐎	19	𒌋𒐎
10	𒌋	20	𒎙
		30	𒌍
		40	𒐏
		50	𒐐
		59	

楔形に削られた枝を
使って粘土に彫られ
た、楔形文字の文字
板。数も同じ道具で
書かれる。

アラビア数字と呼ばれるもので、少なくとも600年のあいだ世界中で使われてきた。1から9までの数と10、100などの桁の考え方は、算数の授業で真っ先に習うものだ。かつてどのような数の表記法が使われていたかを見ると、このインド・アラビア数字のしくみのすばらしさがわかるだろう。

底をつくる

インド・アラビア数字は10をひとまとまりとして数える。十進法を使っていることになるが、これはどこでも当たり前に使われるわけではない。オーストラリアのアボリジニは5をひとまとまりとする五進法を使っていた。23は十進法では10がふたつと3がひとつあることを表すが、五進法では5がふたつに3がひとつあることを意味する。十進法でいうと13だ。なぜ五進法になったかはすぐわかる。両手でなく片手の指で数えたのだろう。3000年前の古代バビロニア（現在のイラクにあたる）の人々は両手を使って数えたが、なんと60まで数えたという。

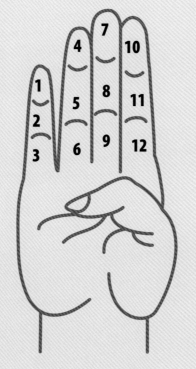
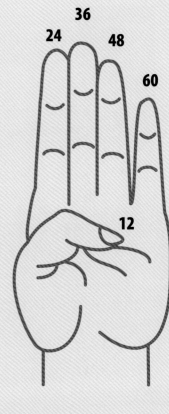

古代バビロニア人は4本の指の三つの骨を使って12まで数え、もう片方の手で12ずつ60まで数えた。

十進法	五進法
1	1
2	2
3	3
4	4
5	10
10	20
15	30
20	40
25	100
50	200
75	300
100	400
125	1,000

十進法と五進法で同じ大きさの数を表した表。十進法は現代も使われ、五進法はいくつかの古代文明で使われた。

棒と小石

古代エジプトと同じく、古代バビロニアも数学誕生の地だと考えられている。バビロニア人が使っていた楔形文字は、先を三角に削ったアシの茎や枝を、湿った粘土に押し付けて書かれた。粘土はその後焼成し、文字が固定される。数も楔形文字で表された。16ページの写真を見ると、2種類の記号が使われていることがわかる。ひとつは1から9までを表し、もうひとつが10の桁だ。この2種類の記号の組み合わせで59までを表せる。60から上はその繰り返しだ。60は1のために使ったのと同じ記号で表すので、61は間を

Column

60を使う

古代バビロニア人は数学者でもあり天文学者でもあった。彼らは太陽の動きを観察し、360日の周期を発見し、これを一年の長さとした。また円を360の部分に等分して角度をはかるようになった。太陽が出ている時間を12時間とし、もう12時間を夜とした（出てきたすべての数が60に関係していることに注目しよう）。その1時間を60の小さい部分「分」（minute）に分け、分をさらに60に分けた。分を二度目に分けたのでsecond minute、つまり「秒」（second）である。このしくみが今日でも使われているのは便利だからだ。「壊れていないなら、直すな」である。

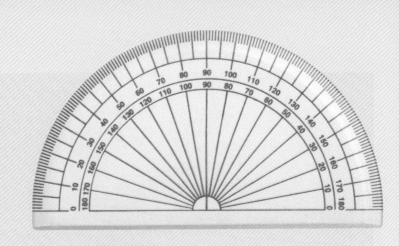

円の半分は180度（3×60）となる。一周すれば360度（6×60）だ。この数が使われるのは割り切りやすいからである。

時計の文字盤は、バビロニア数学のおかげで、12の大きな部分と60の小さな部分に分けられている。

下の表は、60が整数でどのように割り切れるかを示したものだ。

10	10	10	10	10	10	x6
12	12	12	12	12		x5
15	15	15	15			x4
20	20	20				x3
30	30					x2
60						

あけた同じ記号をふたつ並べて表すことになる。最初の記号は60を、次の記号は1を、間の空白は、その数が全体で60以上であることを表す。慣れるには少し時間がかかるが、60進法は実はかなり便利だ。60は2、3、4、5、6、10、12、15、20、30のどれでも割り切れる。2と5でしか割り切れない10とくらべるとその優位は明らかだ。これが60進法が今でも時間や角度の計測に使われている理由だ（左ページのコラム参照）。

ABCと同じくらいむずかしい

バビロニアの記数法では数字の位置に意味がある。どこに書かれているかによってどんな数を表しているかを読み取らなければならないからだ。これを位取り記数法という。一桁目は右に書かれる。二桁目はその左に書かれ、60の個数を意味する（30ページ参照）。これは位置によって数の桁を示すやり方の初期の例で、現在のインド・アラビア数字も同じやり方で記述する。この方法はその後アジアで発展した。いっぽう、ヨーロッパでは別の方法がとられた。2500年ほど前、ヨーロッパは主にギリシャ文化の影響下にあった。古代ギリシャ人はアルファベットを使って数を表していた。アルファベットを使い果たすと（ギリシャのアルファベットは24種類しかないので）、さらに大きい数を表すために文字に似せた記号をつくった。古代ギリシャの表記法は、大きい数を表したり、量を測って記録したりするのには向いていない。しかし多くのギリシャ人は、おそらく他の古代の人々と同じく、この方法で十分だと思っていただろう。アルファベットで最も大きな数を表すのはMで、これはmyriad（ミリアド）の頭文字だ。myriadは10000と等しいが、

10000という意味よりは「数えきれないほど大きな数」を表すときに使われることが大半だった。英語でもmyriadは同じ意味をもつが、ほかにも数にはいろいろな名前がついている（下のコラム参照）。ギリシャの偉大な数学者アルキメデスは（今後もたびたび登場する。たとえば71ページ）、新たな数の表現をつくりだした。MM（myriad myriad）は10億を表す。ギリシャ数学は主に幾何学の分野で発展し、数や計算よりも直線や図形の性質を明らかにしようとしていた。数の表現法があまり発展しなかったのはそのためかもしれない。

Column 数のあだ名

数にはときどき数学的でないあだ名がつけられていることがある。以下に、現在使われていないものもふくめて紹介する。

dozen	12個のセット（フランス語由来）。日本語のダース
score	20（もとはバイキングが使っていた）
twelfty	120くらい
gross	12個セットの12個セット、あるいは144。日本語のグロス
long thousand	100ダースくらい、あるいは1200
milliard	10億（古英語）
billiard	1000兆の古い言い方
lakh	インドの言葉で10万。インドの貨幣単位でもある（1ラーク＝10万ルピー）
crore	インドの言葉で10億

割符に逆戻り？

2000年前、ローマ帝国がヨーロッパやその周辺を支配していたころ、彼らは自分たちの文字と数字の表記法をもちこんだ。ローマ数字はいくぶんわかりやすかったが、大きな数を表すにはやはりかなり不便で、計算に使うには煩雑だった。単純に言うとローマ数字は、1の集まりで数を表現する点で割符に似ている（12ページ参照）。I、II、IIIはそれぞれ1、2、3を表す。ローマ数字がいくらか使いやすいのは、大きな数を表すのに5と10を基準とする表記法が使われていることだ。言いかえると、ローマ数字ではVが5、Lが50、Dが500を、Xが10、Cが100、Mが1000を表す。ローマ人はこのようになんとか大きな数の計算にも挑むことができたと思われる。

足し算をしてみる

バビロニア数字とちがって、ローマ数字は位取り記数法ではなく、かわりに専門家が加算法と呼ぶ方式で表される。これはそれぞれ一定の値をもつ記号を足して数を表すという意味だ。値が大きいものを先に並べるので、LXVIは50+10+6=66、DCLXVは500+100+50+10+5=665となる。少し練習が必要だが、数はかんたんに読めるようになる。文字を書く場所があまりないところ、たとえば柱とか墓に文字を刻むときなどは、減算法と呼ばれる書き方で記号を減らす。4はIVと書き、これは5から1を引くという意味になる。9はIXだし、40はXLになる。とはいえ、この減算法は紙に書くときは使われなかった。手書きのとき4はIIIIだし、9はVIIIIだったのだ。ローマ数字のほうが足し算はしやすい。現代の数字より簡

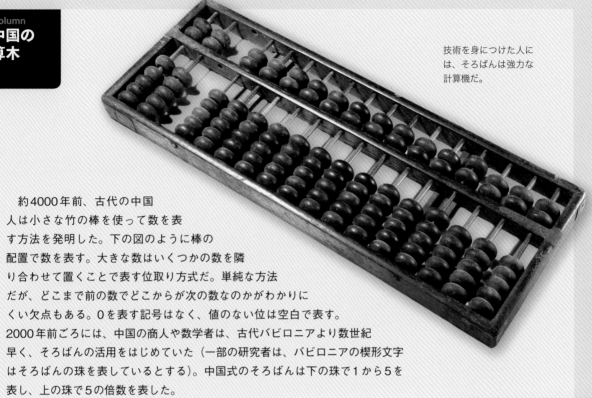

技術を身につけた人に
は、そろばんは強力な
計算機だ。

　約4000年前、古代の中国
人は小さな竹の棒を使って数を表
す方法を発明した。下の図のように棒の
配置で数を表す。大きな数はいくつかの数を隣
り合わせて置くことで表す位取り方式だ。単純な方法
だが、どこまで前の数でどこからが次の数なのかがわかりに
くい欠点もある。0を表す記号はなく、値のない位は空白で表す。
2000年前ごろには、中国の商人や数学者は、古代バビロニアより数世紀
早く、そろばんの活用をはじめていた（一部の研究者は、バビロニアの楔形文字
はそろばんの珠を表しているとする）。中国式のそろばんは下の珠で1から5を
表し、上の珠で5の倍数を表した。

中国の算木は、それぞ
れの数を5本以内で表
す。

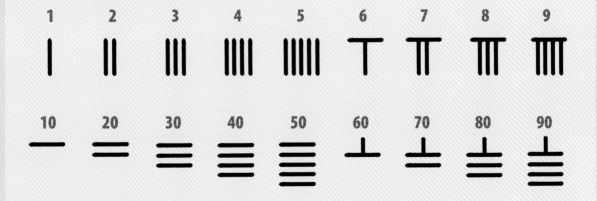

単だろう。ローマ数字で書かれたふたつの数を足すときは、単に記号をひとつにまとめて大きい順に並べかえればいい。CXXVII（127）+LVIII（58）を足して、まずCLXXVVIIIIIという記号の列をつくる。次により大きな数を表す記号にまとめられるものを書きかえる。小さいほうから、IIIIはVにできる。するとVVVと並ぶので、これはXVになる。計算の答えはCLXXXV、インド・アラビア数字で書けば185だ。できた！　ローマ人はなぜこうなるのかわからなかったはずだが、とにかくそうなのだ。引き算も同じくらいかんたんだ。MDLI（1551）-MXI（1011）は、Mがひとつ消えてDが残る。LをXXXXXにばらしてXをひとつ消す。最後にIを消せばいい。答えはDXXXX、540になる（ローマ数字の計算についてはさらに54ページ参照）。

インド・アラビア数字のかけ算表。繰り返すパターンが見て取れる。下のローマ数字の表と比べてみよう。

x	1	2	3	4	5	6	7	8	9	10	11	12
1	1	2	3	4	5	6	7	8	9	10	11	12
2	2	4	6	8	10	12	14	16	18	20	22	24
3	3	6	9	12	15	18	21	24	27	30	33	36
4	4	8	12	16	20	24	28	32	36	40	44	48
5	5	10	15	20	25	30	35	40	45	50	55	60
6	6	12	18	24	30	36	42	48	54	60	66	72
7	7	14	21	28	35	42	49	56	63	70	77	84
8	8	16	24	32	40	48	56	64	72	80	88	96
9	9	18	27	36	45	54	63	72	81	90	99	108
10	10	20	30	40	50	60	70	80	90	100	110	120
11	11	22	33	44	55	66	77	88	99	110	121	132
12	12	24	36	48	60	72	84	96	108	120	132	144

ローマ数字のかけ算表には1の段、5の段、10の段、100の段、1000の段の答えが書かれている。上に線が入ったVの記号は5000を表している。

x	I	V	X	L	C	D
I	I	V	X	L	C	D
V	V	XXV	L	CCL	D	MMD
X	X	L	C	D	M	V̄
L	L	CCL	D	MMD	V̄	
C	C	D	M	V̄		
D	D	MMD	V̄			

かけ算問題

ローマ数字でかけ算をしようとすると急に難しくなる。まずは計算するふたつの数の下に列をつくる。1列目は、かけ算の片方の数をIになるまで2で割っていく列だ（小数点以下を切り捨てる）。2列目は、かけ算のもう片方の数を1列目と同じ回数2倍にしていく列だ。次に1列目の数から偶数を消す。その隣の2列目の数も消す。最後に、2列目に残った数をすべて足せばいい。複雑に見えるが、実際複雑なのだからしかたがない。よりかんたんな方法もある。それは今日使われている方法と同じだが、古代ローマ人はその方法は使わなかった。かけ算をする一方の数のそれぞれの記号にもう一方の数をかけて、できた数をすべて足す。ローマ数字の記号は6種類しかないので（1、5、

ブラーフミー数字		－	＝	≡	＋	♪	℮	?	?	?
インド数字	०	?	२	३	४	५	६	७	८	९
アラブ数字	·	١	٢	٣	٤	٥	٦	٧	٨	٩
中世の数字	0	I	2	3	？	？	6	？	8	9
現代（西洋）	0	1	2	3	4	5	6	7	8	9

表はインド・アラビア数字で9つの数字がどう進歩したかを示している。インド数字は5世紀か6世紀に生まれたといわれている。アラブ数字は9世紀からだ。どちらも現代まで使われ、西洋の文字と同様に使われている。

10、50、100、1000）、それぞれに各記号をかけた答えの表を覚えておけばよい（左参照）。しかしそれでもかなり時間がかかる。たとえば、XVI（16）×VII（7）は（X×VII）＋（V×VII）＋（I×VII）、つまりLXX+XXVVV+VIIになる。合わせて並べかえるとLXXXXVVVVII、大きい数まとめるとCXIII、答えは112だ。この答えで正しいか確かめて、ほかの例を25ページで見てみよう。

新たな思いつき

ローマ数字は現実世界に存在する対象を数えるのにいちばん向いていた。当時、軍隊の兵、集めた税などがそんなに多くなることはなかったからだ。そんなわけで、ローマ数字とこの計算法は、5世紀にローマ帝国が滅びたあとも、西ヨーロッパでは主な記数法や数学の手法として残った。実はローマ帝国は東ヨーロッパでは無事生き残り、ビザンチン帝国と名を変えて、コンスタンティノープル（現在はトルコのイスタンブール）周辺を基盤として15世紀まで存続した。一方、

ビザンチン帝国の数学者たちはローマ数字よりは不便なギリシャの記数法を使っていた。東ヨーロッパと南ヨーロッパに向かって、アラブ軍が中東と北アフリカを手中に収めはじめたが、8世紀までにはイスラム帝国がアフガニスタンから南スペインまで勢力をのばした。隣国インドと貿易を行っていたアラブの交易者たちが出会ったのは、少なくとも彼らにとってまったく

12世紀の数学者、ピサのレオナルド。フィボナッチとも呼ばれ、ローマ数字をアラビア数字に切りかえるべきだと主張した最初のヨーロッパ人のひとりだ。

新しい記数法だった。

位取り

　九つの数字と0があって、その数が並んだ順番で位を表すというのは、今日のわれわれにとってはまったく一般的な方法だ。バビロニア数字のように、数字の位置に意味があるのだ。書かれた数字の列を右から左に読んで、最初の数字が0から9を表し、次の数字が10から90までの、10の個数を表す。3番目が100から900までの、100の個数を表す。すでにどんなしくみかご存じだろう。最大の発明は、位取りで数を表す方法に0を導入したことだ（0ははたして数なのか？　という問いの答えについては30ページ参照）。ローマ人、ギリシャ人、バビロニア人のすべてが無の概念をもっていたが、それを記数法にもちこむことはなかった。ないものをわざわざ数える必要はないというわけだ。

16世紀の彫刻には、数字を使っているアルゴリストと、ギリシャの数字板を使っているアバシスト（算盤の達人）が数学を競っている。結局、アルゴリストと彼が使うインド・アラビア数字がこの日の勝者だ。

算盤の書

　数世紀も経たないうちに、インド・アラビア数字は世界中に広がり、10世紀にはスペインとポルトガルのイスラム支配地域に及んだ。この記数法はゆっくりとヨーロッパ文化に浸透していった。12世紀の終わりに、イタリアの裕福な商人の息子が、父親の出張に

同行して北アフリカを訪れた。彼の名はピサのレオナルドだが、フィボナッチというあだ名のほうがよく知られている（80ページ参照）。1202年にイタリアにもどったレオナルドは数学の本『算盤の書』を書いた。この本は商人たちが業務内容を記録する手引きとして書かれたが、フィボナッチが興味をもった数々の驚くべき数学的小ネタやなぞなぞが盛りこまれている。そのうちのひとつがインド・アラビア記数法の威力についての記述だ。フィボナッチはアラブの商人たちが、鈍重なローマ方式に比べてどれほど速く複雑な計算をこなすかを見て、数学の問題を解くのに、インド・アラビア数字がどれだけ適しているかに気づいたのだ。

『算盤の書』の刊行は、世界中で近代的な記数法が使われるようになるきっかけとなったが、実際に普及するまでにはさらに長い道のりがあった。ローマ数字はヨーロッパで15世紀までしぶとく生き残り、中国では17世紀になってインド・アラビア記数法を使うようになった。ロシアがギリシャ由来の記数法をやめて近代的な記数法を使いはじめたのはようやく18世紀になってからだった。

参照：
0…30ページ
フィボナッチ数列…80ページ

やってみよう！

　記数法にくわしくなったところで、ローマ数字の計算方法の例をいくつか見てみよう。

ローマ数字を現代の数字にもどす

DLXXVI

$= D + L + X + X + V + I$

$= 500 + 50 + 10 + 10 + 5 + 1$

$= 576$

ローマ数字で足し算をする

XVI + CLII (16 + 152)

$= X + V + I + C + L + II$

$= 10 + 5 + 1 + 100 + 50 + 1 + 1$

$= 168$

ローマ数字でかけ算をする

XX x VI (20 x 6)

$= (X \times V) + (X \times V) + (X \times I) + (X \times I)$

$= L + L + X + X$

$= CXX = 120$

分数
Fractions

英 語で分数を表す fraction は、ラテン語の「分解される」という単語に由来する。分数は 1 より小さく、1 をさらに小さく分解することで得られる数だからだ。現在使われている形の分数が成立したのは 400 年ほど前で、それまで分数は数といえるのかすらはっきりせず、議論がつづいていた。

　誕生日のパーティに行ったことがある人ならだれでも分数について知っているはずだ。ケーキを何切れに分ければいいのか？　客が 2 人ならふたつに分ければ

いい。だが、これはちょっと欲張りかもしれない。4 人の客には 4 分の 1 ずつを配り、12 人の客には 12 分の 1 ずつ配る。客がそれ以上ならもうひとつケーキがあったほうがいいだろう。実は分数による計算については 17 世紀まで合意が得られていなかったが、古代の人々は明らかに整数（あるいはケーキ）が分数や小数で分けられることを知っていた。

目と口

　古代エジプト人は最初に分数の書き方を発明した人々だ。「ホルスの目」はエジプトの記号で、鷹の頭をもつ空の神ホルスからきている。ホルスの目は 1 を表すが、一方でこの記号の各部分はそれぞれ、宝石や小麦粉など価値のあるものを分けるのに使う分数を表す（左の図）。分数を表すほかの方法は、口の形の下に数字を書くことだ。口は分数を表し、下の数字は全体を何分割するかを表す。この方法なら、いわゆる単位分数（分子が 1 の分数）ならなんでも表せる。2 分の 1、5 分の 1、23

エジプトの鷹の神にちなんだ記号であるホルスの目は、細かい部分に分けられ、それぞれ食料や飲料を分けるのに使われた。

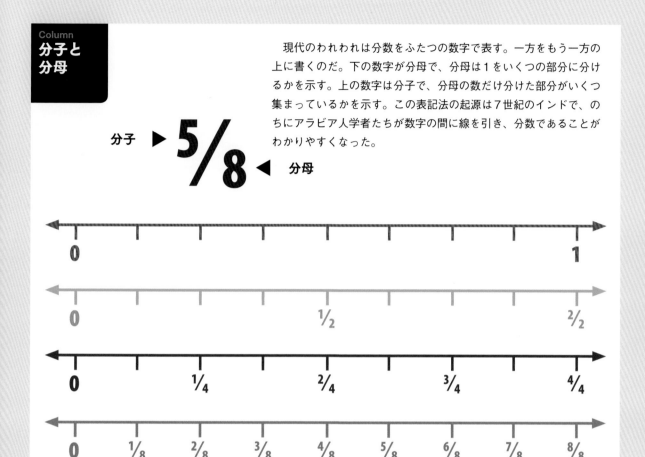

分子と分母

現代のわれわれは分数をふたつの数字で表す。一方をもう一方の上に書くのだ。下の数字が分母で、分母は1をいくつの部分に分けるかを示す。上の数字は分子で、分母の数だけ分けた部分がいくつ集まっているかを示す。この表記法の起源は7世紀のインドで、のちにアラビア人学者たちが数字の間に線を引き、分数であることがわかりやすくなった。

分子 ▶ 5/8 ◀ 分母

分の1はどれも単位分数で、3分の2、7分の3、23分の9はどれもちがう。

食卓の準備

単位分数でない分数は、古代エジプトの数学では認められていなかった。スリークオーター（4分の3）は単位分数に分けて、2分の1＋4分の1で表す。同じ単位分数を繰り返すことも禁止されているので、11分の2を11分の1＋11分の1で表すことはできない。

ただし、古代エジプトの数学者たちは注意が必要な分数を単位分数に置きかえる表をつくっていた。この法則のために状況は混乱していた。3切れのケーキを5人の客に分けるとき、古代エジプトのパーティではそれぞれの客に3切れの異なる大きさのケーキを配るのだ。最初は3分の1、次は5分の1、最後が15分の1だ。

60進法を使う

バビロニアの分数は、バビロニアのほかの記数法と

リンド数学パピルスは、古
代エジプト数学の教科書の
一片で、紀元前1650年ご
ろのものだ。書かれている
問題には、エジプト式の分
数を多く含んでいる。

同じように60進法を使っていた。バビロニアの方式
では、1から59までの数字を右に書き、60以上の大
きい数を左に書いた（現代の記数法と、10進法では

なく60進法を使うことを除けばほぼ同じ）。分数にお
いても、バビロニア人は小さな数を整数の左側に書く。
たとえば、𒐕𒐏は 1×60 ＋ 40 ＝ 100 だし、𒐕𒐏𒌍は 1×
60 ＋ 40 ＋ 20/60 ＝ 100 1/3 だ。この方式は16世紀に
発展した小数のしくみに似ている。しかしお気づきの
ことと思うが、この方式にはどこまでが整数でどこか
らが分数なのかがわからないという問題がある。

Column
有理数

$$5 = \frac{5}{1} = 5$$
$$2と2分の1 = 2\tfrac{1}{2} = \frac{5}{2}$$
$$4分の1 = \frac{1}{4}$$

有理数はすべての自然数（1,2,3...）を含む（14
ページ参照）。さらに2分の1、5分の3、43分
の12などの分数も含む。ふたつの自然数を分母
分子にもつ分数で表せるというのが有理数の規則
だ。整数は分数で表せる（5は1分の5）。仮分数（1
より大きな分数）はより大きな数を分数で表す方
法だ。2½は2分の5と等しい。

意味を生み出す

ローマ人は分数を書き残すことはなかったが、分数
を示す言葉はいくつかあった。ひとつのものを12に
分けるのはふつうの慣習で、12分の1は1ウンシア、
6ウンシアはセミス、24分の1はセムニカ、144分の
1はスクリプラムと呼ばれた。インドとアラブの数学
者たちはこれらにさらに意味をつけくわえ、7世紀ご
ろからは現在使われているような分母と分子のシステ
ムをつくりあげた（27ページのコラム参照）。ところ
で、分数はそれ自身で実際の数といえるのか、あるい

プロイセン人のレオンハルト・オイラーは、18世紀に分数の近代的な使用法を発展させた。

はふたつの整数の比を表す手段に過ぎないのか？　たとえば、2分の1は数なのか、あるいは1をふたつに分けたときの答えに過ぎないのか？　「どちらでもある」というのが真実で、分数にはそのふたつの面があり得るのだ。

分数は有理数のひとつ

　分数は数だが自然数ではない。そのかわり、有理数という集合に含まれる。有理数は分数で表せる数を指す（左のコラム参照）。実は分数で表せない数というものもある。それはどんなものか？　有名なギリシャの数学者ピタゴラスは、その数を発見した最初の人物だ（36ページ参照）。

参照：
ピタゴラスと数…36 ページ
小数…92 ページ

やってみよう！

　分数の由来がわかったところで、数学でどのように分数が使われるのかを見てみよう。

現代の分数をエジプトの単位分数に書きかえるとは、分子を1の分数にするという意味だ。

$$\frac{3}{4} = \frac{1}{4} + \frac{1}{4} + \frac{1}{4}$$

バビロニア分数は常に分母が60だ。今日ではより単純な分数に書きかえることができる。

$$\frac{20}{60} = \frac{1}{3}$$

$$\frac{30}{60} = \frac{1}{2}$$

ローマ分数は言葉で表すが、分数に書きかえられる。

$$\frac{3}{12} = \frac{1}{4}$$

$$\frac{12}{24} = \frac{1}{2}$$

仮分数は1より大きな分数のことで、整数と分数の組み合わせで表せる。

$$\frac{6}{1} = 6$$

$$\frac{12}{8} = 1\frac{1}{2}$$

$$\frac{4}{4} = 1$$

0（ゼロ）
The zero

ゼロは数学の歴史上最大の発見だ。あるいは発明したというべきか？ 結局のところ、誰も無を発見することなどできないのだから。ともかく、0を無の記号として数や計算の中で使うことは、数学の世界を決定的に変えた。

数学上の最も記念すべき革新を成し遂げた人物は、だれであれ有名になるべきだろう。しかし、ゼロを発見した個人はいない。そのかわり、ゼロのもとになるいくつかの異なるアイデアが生まれ、無視されたり軽視されたりしながらも、1000年以上かかってひとつになったのだ。最初のアイデアが生まれたのは紀元前700年ごろのバビロニアだ。しかしすべての物語を見るにはさらに時代をさかのぼらなければならない。

無があった

ゼロの使い道は大きく分けてふたつある。ひとつ目はすぐわかる。「何もない」もしくは「無」を表すことだ。バビロニアの将軍が補給の責任者に「戦車は何台あるか？」とたずねるとする。補給の責任者は「ありません、閣下」と答えるだろう（これは実際にありえたやりとりだ。バビロニアは紀元前1570年、戦車を駆る戦士たちに征服されたのだから！）。この場合、補給の責任者がもつ備品リストには戦車の項目がなく、当

0が発明されるには数世紀の年月がかかった。最初はただの点だったかもしれないし、計数器に現れた空白だったかもしれない。

時はもっていないものを記録する必要は感じていなかっただろう。だからバビロニアの記録にこのようなものはない。「歩兵：600、戦車：0」。

空白を残す

バビロニアやほかの古代文明は「無」の観念をもちながら、一般的に無を表す記号はもたなかった。古代ギリシャやローマも同様だ。一方、ゼロは桁による数

の表記法にも使われる。その桁は値がない場合に使うのだ。この使い方は現代も同じで、たとえば10は十の位の値が1で、一の位には値がないことを表す。バビロニア人は10進法でなく60進法に基づいた記数法を使っており、現代とはまったくちがう数字を使っていた。バビロニア数字の𒐈は現代の記数法の100にあたる。𒐈が60にあたり、𒌋が40で、足して100になる。では、数の中に60がなかったらどうなるか？その場合は空白を入れる。つまり𒐈 𒌋は現代でいう3640だ。𒐈は3600（60×60）で、𒌋は40を表す。間の空白は、ここには60がないことを表す。しかし、数字の中にときどき空白があるというのは非常に紛らわしいものだ。

記号をつくる

　数百年もこの記数法が使われるうち、紀元前700年には、バビロニアの数学者たちは大きな数を表すとき、空白の代わりに鉤型の記号を使うようになった。これはゼロらしきものが書かれた最初の例だが、数字ではなくただの空白を示す印だった。同じころ、古代ギリシャでもΟのような形の記号が記録に登場する。これを思いついたのは数学者ではなかった。当時の数学者は大きな数を扱わず、おおむね図形と直線にかかわる幾何学パズルについて研究していたからだ。代わりにΟの記号を使っていたのはギリシャの天文学者たちだった。恒星や惑星について特に測定値がないときに使っていたのだ。

Column
ゼロを示す言葉

　ほかのどの数字よりもゼロを表す言葉は多い。ただ「無」を表すのではなく、それぞれ固有の意味がある。

cipher	価値がないこと
null	量がなくなること
naught	古英語で「ゼロ」
love	テニスにおける0点。フランス語で卵を表す「ウフ」から来ているとされる
goose egg	アメリカ英語で「0点」
nil	ラテン語の「無」
oh	ゼロに似た文字

Ø 斜線の入ったゼロは、コンピューター上で文字のΟと見分けるために使われる。

テニスという競技において、ゼロ（ラブ）を求める者はいない。

〜or ƞ ฦ	3 ʒ or 3	४	५	६	৮	万	ℒ	•
1	2	3	4	5	6	7	8	9	0

32

上の数字はバクシャーリー写本。
1000年以上前の古代インドの数
学の教科書に書かれていたものだ。
0を点で表している。

空の空間

　古代ギリシャの「O」が最初のゼロなのか？　そう
ではない。というのは、彼らはOを数字としては使
っていなかったからだ。しかし現代においてゼロを
「0」と書くのはこれが由来だろう。なぜギリシャで
Oが使われたのかはわからない。これはギリシャ文字
のオミクロンで、オウデン（ギリシャ語の「無」）の
頭文字から来ているのだろうと推測する人もいる。ほ
かにもギリシャのもっとも小さな貨幣「オボール」（ほ
とんど無価値）が由来だろうと考える人もいる。オボー
ルは算盤の珠のかわりに、地面に並べて使われてい
た。コインを取り除けば、砂の上には丸い跡が残る。
Oはこのなにもない様子を表したのだろうか？

点、点、点

　理由がなんであれ、現代のゼロはOと同じ丸い形
をしている。一方、最初のゼロは実際は点だった。イ
ンド・アラビア記数法（まさにわたしたちが使って
いる現代の記数法。24ページ参照）が使われていた
6世紀のインドで、数学者は値のないところに点を使
いはじめた。インド数字は西
洋のものとはちがい、以下の
ように数を表した。2・1は
201、1・・3は1003を表す。
9世紀までには、点は小さな
丸になっていた。これはギリ
シャの記号をまねたものか、
あるいは偶然の一致か、だれ
にもわからない。

ゼロという単語は、「スンヤ」という
単語で表される「空っぽ」という概
念から生まれた。スンヤはインドの
古い言語であるサンスクリット語で、
砂漠という意味もある。

熱い旋風

　この点の記号は、ヒンズー語ではじめ「キャ」と呼ばれたが、この記数法がヨーロッパに伝播したころにはアラビア語の「シフル」という名になった。これは「空っぽ」を表す古語だ。1202年『算盤の書』にゼロについて書いたピサのレオナルド（25ページ参照）は、アラブ人はゼロを「ゼフィルム」と呼んでいると書き残した。イタリアではこれが西の風を意味するゼフィーロになった。最終的には、ゼフィーロが短くなってゼロになり、この名前が広がった。英語で初めてゼロが使われるのは1598年のことだ。

ゼロより小さい数

　数の世界で革命が進むにつれて、ゼロは数学に新たな手法をつけ加えた。それのみならず、数を2倍に増やしたのだ！　まさにゼロが生まれた7世紀ごろ、インドの数学者ブラーマグプタはゼロの足し算について考えはじめた。数にゼロを足しても同じ数になる。数からその数自身を引くとゼロになる。ではゼロから数を引いたらどうなるか？　その答えは負の数だ。負の

西暦はイエス・キリストの誕生年である紀元1年からはじまる。ただし、紀元0年はない。紀元1年の1年前は紀元前1年だ。

数はゼロより小さいかゼロより大きくない以外は、自然数（あるいは正の数）となにも変わらない。負の数は新たな数の集合を生み出した。すべての正の整数、負の整数、そしてゼロを含む「整数」という集合を──。

Column
負の数

　負の数と正の数を含む計算規則は次のようなものだ。正の数と正の数を足すと答えは正の数になる。負の数と負の数を足すと答えは負の数になる。負の数に正の数を足すのは、正の数から引くのと同じだ。負の数を引くのは正の数を足すのと同じになる。かけ算と割り算は、同じ記号の数どうし（負の数どうしでも正の数どうしでも）の計算なら必ず正の数になる。これは負の数の負の数は正の数だからだ。逆の記号どうしのかけ算と割り算の答えは負の数になる。

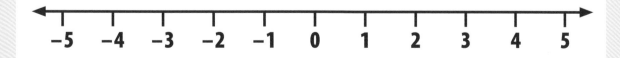

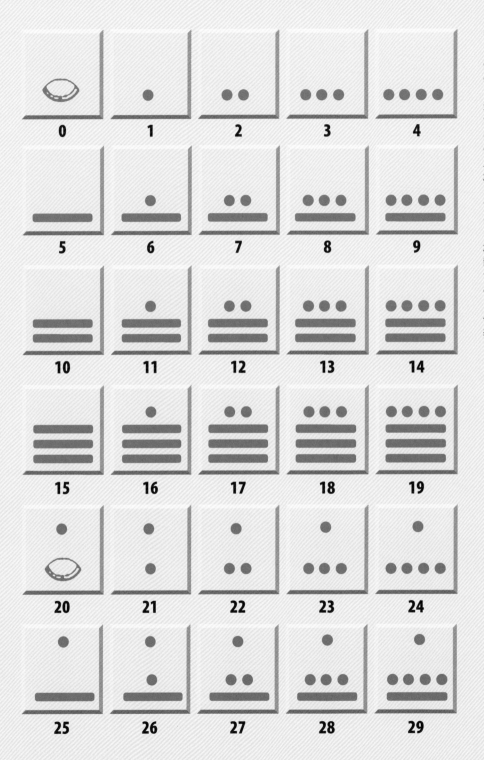

マヤの記数法では三つの記号しか使わない。点あるいは小石の形は1を表し、小枝は5、貝のマークが0だ。われわれは10までを10本の指で数えるが、マヤ人は手と足の指20本で20までを数える。マヤ数字は位取り方式を使っており、1の位は一番下、20の桁はその上、その上が400の桁(20×20)、8000の桁(20×20×20)とつづいて増えていく。1の位で表せる最大の数は19で、20は小石(20を表す)を貝のマーク(0を表す)の上に置いて表し、21は小石(20)を小石(1)の上に置く。マヤ数字は大きな数を表すのにとても効率がよく、彼らの複雑な暦法にも役立った。たとえば、マヤ数字の9,999は現代の記数法でいうと75,789を表せる。

アメリカにおける発展

ゼロの歴史をたどれば、知識がどのように文明から文明へ伝播していったかがわかる。インドからペルシャ、北アフリカ、ヨーロッパへ伝わったのだ。一方、ヨーロッパ、アフリカ、アジアの人々よりはるか前にゼロの問題を解決した人々がいた。それは中央アメリカのマヤ人だ。しかし彼らの数学にかんする知見は広がることはなく、そのためわれわれはマヤ人が使っていた貝を意味する「シェル」とかそれに似た単語でなく「ゼロ」という単語を使っている。マヤ人は現在のメキシコとグアテマラに紀元前1000年ごろから住んでいて、文明の最盛期は紀元前3世紀ごろだ。

小石と小枝

マヤ数字は石碑に刻まれ、点で1を、線分で5を、貝のマークでゼロを表した（くわしくは左ページ参照）。日常的には小石と小枝を使って、きまった数字を表すパターンに並べた。足し算はこれ以上ないほどシンプルだ。小枝と小石を一か所に集めて単純化すればいい。小石5個は小枝1本に置きかえ、小枝が4本で20なので、この量を表すために石を使う。この方法は非常に単純なので、どんなに大きな数を足すときでも数学的な思考はまったく必要ないのだ！

参照：
記数法…16 ページ
無限…152 ページ

いちばんかんたんなかけ算表は、わざわざ教えられる必要がない。0にはどんな数をかけても0になるからだ。もしなにももっていなければ、それを何倍してもなにもない。0をどんな数で割っても0になるのも同じ理由だ。しかしもし数を0で割ったらどうなるか？　どんな答えもあてはまらない。これが無限なのか？　くわしくは152ページ参照。

ピタゴラスと数
Pythagoras and numbers

ピタゴラスはおそらく世界でもっとも有名な数学者で、三角形に関する、自身の名を冠した定理で知られる。また、数のもつ力と、自然を理解するためにその力をどう使うかをも明らかにした。

ピタゴラスの定理は、数学の美を示す格好の例だ。すんなりと理解でき、使いでがあって、使用頻度も高く、世界の成り立ちについてまでを教えてくれる。この定理を知らない人、もしくは忘れてしまった人のために説明すると、三角形の中には直角（二つの短辺が正方形や長方形の角のような90度の角をつくる）をもつ三角形がある。このような三角形の3辺の長さと関係するのがピタゴラスの定理だ。直角三角形の2辺の長さがわかれば、のこりの1辺の長さをいつでも計算することができる。そのきまりは$h^2=a^2+b^2$、あるいは長辺（斜辺＝hypotenuseのh）の長さの2乗はふたつの短辺（a

と b）の2乗の和に等しいというものだ。これは紀元前6世紀にピタゴラスによって証明されたが、人々はこのきまりを何世紀にもわたってすでに利用してきた。

正方形とべき根

いくつか用語の説明が必要だろう。数を平方するというのは、数に同じ数をかけることだ（べき乗の項を

参照。76ページ）。平方根はその逆で、平方するとその数になる数のことだ。$2^2 = 2 \times 2 = 4$なので、4の平方根（記号で書くと$\sqrt{4}$）は2となる。ピタゴラスの定理を使うには、数の平方ができ、また数の平方根を求められなければならない。平方根はピタゴラスの数学研究のもっとも大きな問題となった。この点についてはのちほど語るが、ここでは古代エジプトの「結び目」について解明しよう。エジプト人は直角三角形の短辺が3と4の長さなら長辺は5になることを知っていた。確認してみよう。$3^2 = 3 \times 3 = 9$、$4^2 = 4 \times 4 = 16$、$9 + 16 = 25$。この25は斜辺の平方にあたるはずだ。25の平方根は5だ（$5 \times 5 = 25$だから）。

ピタゴラスは紀元前570年、現在のトルコに近いサモス島で生まれた。現在の南イタリアにあったギリシャ人集落で人生を送った。

空間を区切る

　エジプト人は、3、4、5の三辺をもつ三角形は直角三角形になることを知っていた。これはナイル川に

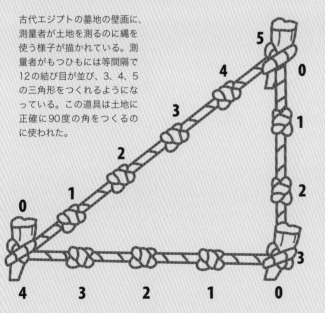

古代エジプトの墓地の壁画に、測量者が土地を測るのに縄を使う様子が描かれている。測量者がもつひもには等間隔で12の結び目が並び、3、4、5の三角形をつくれるようになっている。この道具は土地に正確に90度の角をつくるのに使われた。

沿った土地を記録するのに役立った。毎年川が氾濫し畑を覆うので、毎年土地の測量をやり直さなければならない。測量者たちは縄張り師と呼ばれていて、ファラオに仕え、土地の配分が公平であることを保証する役割を担っていた。縄張り師は幅が狭く、長い土地をひもで区切っていった。土地を正しい大きさと形に分けていくことが重要で、そのために12の結び目をつくった縄を使って角を記録していった。縄で3、4、5の三角形をつくれば、正確に90度の角をつくれる。おかげで土地を同じ幅で切り取っていくのが非常にかんたんになった。3、4、5の数はピタゴラスの定理を満たす三つの整数なので、ピタゴラス数と呼ばれた。

聖なる数

　ピタゴラスは3、4、5という有用な三つの数の組み合わせでも歴史に残る。彼は若いころエジプトからおそらくインドまでを旅して、多くの新しい知識、特に

ピタゴラスの定理のしくみを
表す方法のひとつは正方形を
使うことだ。数を2乗するの
は、辺の外に正方形をつくる
のと同じだ。つまり、長さa
の辺を2乗すると、1辺の長
さがaの正方形の面積を求め
ることになる。

緑の正方形とピンクの正方形
の面積を足すと黄色の正方形
の面積になる。試しにマス目
の数を数えてみよう。これは
ピタゴラスの定理を証明する
もっともかんたんな方法のひ
とつだ。

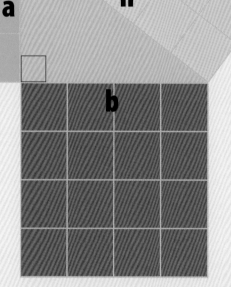

a

h

b

$$a^2 + b^2 = h^2$$

$$a^2 + b^2 = h^2$$

だった。彼らは宇宙のすべてが整数で構成さ
れていると信じていた（分数は彼らの思想に
よると数ではなかった）。彼らにとってピタゴ
ラス数（ほかに5、12、13や9、40、41など
がある。自分で確かめてみよう）はすべての
物質の謎を解明する鍵だった。彼らにとって
これらの数は神の業を明らかにするものだった。

ピタゴラスと数

ピタゴラス派の数学者たちは、数は自然の中に存在
し、そのしくみを解明するのが使命だと考えていた。
数にはなにかの量を表すのと同じくらい、ほかのなに
かを象徴していると彼らは考えた。1はほかのすべて

数学について多く学んだ。彼は結局南イタリアのギリ
シャ都市クロトンに定住して、数学者のコミュニティ
をつくった。ピタゴラスは直角三角形の定理を証明し
たことで知られるが、専門家はピタゴラスによるもの
とされる多くの業績が、コミュニティに属するほかの
数学者によるものだったのではないかと考えている。
ピタゴラスとその弟子たちにとって、数は神聖なもの

の数の源であり、理性、統一、安定を表す。一方、2は変化や未知を、また女性を表す。3は1と2の組み合わせなので、調和や完全、また男性を表す。4は正義や、人間と自然とを結びつけることを表す。5は2と3、つまり女性と男性の象徴が結びついたものなので、結婚を表す。6は力をもつ数だと考えられていた。2（女性）に3（男性）をかけた数なので、新たな生命を創造する方法につながるからだ。6はもっとも小さな完全数でもある（なぜ完全かは66ページ参照）。ここまでのところ、ピタゴラスはかなりの奇人に思えるだろう。彼の隣人の多くも、そう思っていたはずだ。

秘密結社

ピタゴラス派は秘密主義の集団で、ほかの人間を見下していた。この集団に入るには、数学のとても難しい試験に合格しなければならなかった。そして試験に合格した者は、秘密の儀式を経て誓いを立てた。結社のメンバーは黄金律と呼ばれる規則に従っていた。現代のわたしたちでも納得できるような規則なら以下のようなものがある。集団の人々を励ますために優しく忍耐強くなること、贅沢を避けて質素に生きること、そして必死に学ぶこと！　ピタゴラス派の人々は菜食主義者でもあったと考えられている。ピタゴラス派の人々の生活にかんしてわれわれが知りうることは少なく、彼らがど

のように生きていたかは後年の記録に頼るしかない。しかし記録の一部はでたらめで、そのためにこのギリシャ人の集団は愚かしく見える。たとえば、ピタゴラス派の人々は白い雄鶏を恐れたという。また、彼らにとって最悪の行動のひとつは豆を触ることだったという。

仲間をつくる

ピタゴラスは数をグループに分けるのを好んだ。たとえば、彼は偶数を三つのグループに分けた。「複偶数」とは、1に至るまで2で2回割れる数のことで、2、4、8が含まれる。「単偶数」は1度2で割ると奇数になってもう割れない数で、6、10、14などがそれにあたる。

Column 音楽

話は、ピタゴラスが大工の店から金づちの音がするのを聞いたところからはじまる。ピタゴラスは大きな金づちは軽い金づちより低い音を立てることに気づいた。さらに、ピタゴラスは違う長さの弦をはじくことで音楽を研究した。これは音楽および和音をつくる音相互の関係を、数学的に説明した最初の例だ。

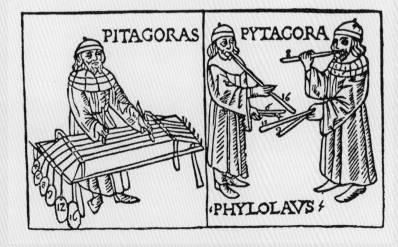

最後に、12は最初の複偶数だ。2で複数回割れるが、2で割っていくと単偶数になってしまい、1に至ることはない（64〜65ページのコラム参照）。

すべては図形

ピタゴラス派の人々は数にかんして視覚的センスがとても鋭く、おそらく違う数字を書いた小石を並べて図形をつくることで数学の研究をしていた。彼らは独自のマス目を使って、数のグループごとに違う図形をつくれることを発見した。三角形の数は1、3、6、10、15で、その理由はそれらの数で三角形をつくれるからだ。正方形の数は1、4、9、16、25だ。同じしくみで、五角形や六角形のようなもっと複雑な図形を（常に1から始まる）数でつくることができる。

数と原子

いままで登場した数がすべて整数であることにもうお気づきだろう。ピタゴラスは自然が一群の数が集まり、絡みあってつくられ、複雑さを増していると信じていた。泥に埋もれた小石から三角形や四角形などがつくられるように、1という数が集まってつくられる単純な図形からすべてのものがつくられはじめる。それらが組み合わさってより複雑な構造ができあがる。ある意味でピタゴラスの自然を見る観点は正しい。現代のわたしたちは、物質は原子が結びついた分子でできていることを知っている。ピタゴラスが1の集合でできていると考えたのと同じだ。

正方形にまつわる問題

ピタゴラスは小数を自然の一部に存在するものとは認めなかった。ピタゴラスは万物は整数の言葉で説明

Column
無理数

$\sqrt{2}=$

2の平方根は1と2の間の数で、具体的な量を書き表すのは不可能だ。それは永遠につづく数字の羅列なのだ！ このような、整数による分数で表せない数のことを無理数という。

1.41421356237309504880168872420969807856967185376969
85073721264412149709993583141322266592750559275579995
04843087143214508397626036279952514079896872533965463
08498847160386899970699004815030544027790316454247823
42183342042856860601468247077143585487415565706967632
0031138824646815708263010059485870400318648034219489
1089675040183698683684507257993647290607629969414381
14781058036033710773091828693147101711116839165817268
9461751129160240871551013515045538128756005263146801
2878376293892143006558695686859645951555016447245093
85497414389991880217624309652065642118273167262575395
4008345708518147223181420407042650905652323333984364726
21773879919455513972312740669832999895386728822858608
88345269065240965428893945386466257449275563819644417

できると述べている。一方、この考え方には大きな問題がある。問題が際立つのは正方形について考えるときだ。正方形は同じ長さの4辺をもつ。その1辺の長さを1とおこう。その正方形を1本の対角線で切り離すと、ふたつの直角三角形ができる。この三角形の斜辺の長さはどうなるか？　他の2辺はそれぞれ1なので、簡単に計算できる。1の2乗は1だから（1×1＝1）、2辺の2乗の和は1＋1＝2。したがって、斜辺の長さは2の平方根、あるいは$\sqrt{2}$となる。2乗して2になる数とはどんな数か？　整数の答えはなく、こみ入った小数があるだけだ（下のコラム参照）。このピタゴラスの定理のシンプルな実例からわかるのは、ピタゴラスの考えに常に意味があるわけではないということだ。この問題はピタゴラ

Column
ヒッパソス

ヒッパソスはピタゴラスの弟子のひとりだ。伝説において彼は$\sqrt{2}$を発見したとも（本文参照）、単にその秘密を外部に漏らしたともいわれる。話はこうつづく。ヒッパソスとピタゴラスは釣りに出かけた。舟が戻ってきたとき、そこにはピタゴラスしか乗っていなかったという！

ス派の重大な秘密となり、外に漏らした者は殺されたという！

暴力的な終わり

ピタゴラスは紀元前495年に亡くなった。地元クロ

176679737990732478462107038850387534327641572735013846230912297024924836055
115278206057147010955997160597027453459686201472851741864088919860955232923
088296406206152583523950547457502877599617298355752203375318570113543746034
492936918621580578463111596668713013015618568987237235288509264861249497715
202264854470158588016207584749226572260020855844665214583988939443709265918
290641045072636881313739855256117322040245091227700226941127573627280495738
482372899718032680247442062926912485905218100445984215059112024944134172853
19758716582152128229518488472089694633862891562827659526351405422676532396
402653969470240300517495318862925631385188163478001569369176881852378684052
603688732311438941557665104088391429233811320605243362948531704991577175622
1725559346372386322641827426222086711558395999265211762526989175409881593486
79679651926729239987536617215982578860263363617827495994219403777753681426
7749662519966583525776198939322845344735694794695216889148549253890475582
798330618520193793849400571563337205480685405758679996701213722394758214263

トンの人々と傲慢なピタゴラス派の人々との間で争いが起こり、殺されたという。ピタゴラスを殺すため暴漢がやってきたとき、ピタゴラスは75歳になっていたが、大急ぎで逃げ出した。一度は逃れたが、彼は豆畑に行く手を阻まれた。ピタゴラスは自身の「豆を触るな」という信条のために豆畑に逃げこむことができず、捕らえられて殺された。もし本当なら、というのはピタゴラスについて知られていることの多くには疑問の余地があるからだが、これは世界に名だたる数学の先駆者の死としてはずいぶんひどい事件だ。

三角形をこえて

ピタゴラスの定理はしっかり生き残った。つづいてこの定理を研究した偉大な数学者は、ピタゴラスの数世紀後を生きたギリシャの偉人ユークリッドだ。ユークリッドは、ピタゴラス数が無限に存在することを示した。ピタゴラス数の組み合わせについては現在も研究がつづけられている。ユークリッドはまた、直線が互いに交わることをピタゴラスの定理を使って表せることを示した（交差する直線は交点のまわりに直角三角形の2辺を構成するから）。この規則に当てはまらないのは平行線、すなわちけっして交わらない直線だけだ。中国の数学者たちはピタゴラスの定理を紀元前3世紀には使いはじめていたし、そのころイスラム圏の学者たちはピタゴラスの定理の新しい証明方法をいくつか発展させていた。11世紀になると、ペルシャの科学者アル・ビルーニは地球の大きさを測る計算の中でピタゴラスの定理を利用している。しかし結局、ピタゴラスは自ら発見したもっとも驚くべき数のひとつを秘めたままだった。その数、$\sqrt{2}$ は数学のまったく新しい世界を開いたのだ。

参照：
パイ…68 ページ
べき乗…76 ページ

ピタゴラスの思想は数学の学派というより宗教だった。ピタゴラスと、その死後も何百年もにわたってピタゴラスの教義を伝えつづけた弟子たちは、輪廻転生を信じていた。そして魂は動物に宿って復活すると考えた。

やってみよう！

　無限にあるピタゴラス数のいくつかを見てみよう。それぞれ違う形の直角三角形をつくり、辺の長さは整数になる。

黄金比
The golden ratio

黄金比とは、数学と芸術の結節点だ。多くの人々が数学と美にはつながりがあると言う。黄金比は美がいかに数学的になりうるかを示すものだ。

　黄金比はもっとも愛される数学的対象のひとつだろう。黄金比の驚くべき性質を、多くの思想家が研究してきた。その中で代表的なのは古代ギリシャの数学者ユークリッド、ローマの技術者ウィトルウィウス（彼は現在も残る多くの水路を築いた）、イタリアの芸術家レオナルド・ダ・ヴィンチ、フランスの建築家で、たくさんの人が住むのに理想的に合致した最初の公営住宅をつくったル・コルビュジエなどだ（彼の設計は高価だったが従来のものより非常に役立ったので、彼の設計を真似たより安価なものが20世紀に広くつくられた）。

すべては均衡の中に

　ところで黄金比とはなにか？　まずは「比」という言葉の意味を理解しよう。比とはふたつの数のかかわりを数学的に表現する方法で、最初の数が次の数の何倍かを示す。10と2の比は5:1となる。これは、10は2の5倍であることを表す。比は実際の量を評価するのに役立つ。たとえば、キャンディの袋に16個のチョコレート味と12個のレモン味が入っていたとして、チョコ味とレモン味の比は16:12で、4:3に単純化できる。この比によって、その袋にはチョコ味4個あたりレモン味3個が入っていること、つまり2種類の味のキャンディの全体像がつかめる。全部で28個のキャンディが入っていて、チョコ味と全体の個数の比は16:28または4:7になるともいえる。この比は分数の

$$\Phi$$

黄金比の書き表し方は三つある。ギリシャ文字のファイ、数式、または無限小数だ。

$$\frac{1 + \sqrt{5}}{2} = 1.6180339887498948482\ldots$$

黄金比の名前の元になったフィディアスは、この写真の中央の人物だ。アテネで自分の芸術を人々に示している。

4/7、または小数で約0.57とも表せる（4を7で割った数）。

線分を分ける

　比は線分を部分に分けるときにも使える。黄金比もそうだ。線分を中央でない一か所で分けると、ふたつの比がつくれる。ひとつは長い方と短い方の比。もうひとつは線分全体と長い方の比だ。黄金比はこのふたつの比が等しくなるように線分を分ける比だ。言いかえると「線分全体と長い方、長い方と短い方の関係が同じ」となる。それがわかるまで数世紀かかったが、線分が黄金比で分けられるとき、短い方に対する長い方の長さは常に約1.618になる。

ファイはフィディアスのファイ

　黄金比の値は無限小数である無理数で、すべてを書き記すことはできない（40ページ参照）。そこで数学者はその値を「ファイ」もしくはφと表した。ファイはフィディアスという名前のギリシャ文字の頭文字で、フィディアスはパルテノン神殿、ギリシャのアテ

数学者はパルテノン神殿にいくつも黄金比の実例を発見した。建物の正面の高さと幅の関係などだ。

ネにある寺院をつくった建築家だ。黄金比は彼のすばらしい設計の中で使われている。

末項と中項

　黄金比はパルテノンと同じように多くの美術品に（ときには偶然）使われているだけでなく、花など自然の形にも発見できる。今後さらに見ていくが、まずは数学上の美しさに注目しよう。黄金比の価値についての研究はユークリッドからはじまった。フィディアスがパルテノン神殿を完成させてから1世紀以上あとのことだ。ユークリッドは黄金比を、a：b＝b：(a＋b）が成り立つとき、aを式の末項、bを中項ということから、「中末比（または外中比）」と呼んだ。彼は黄金比を線分上でつくることはできたが、各部分の正確な長さを計算することはできなかった。

Column 黄金比長方形

　長辺と短辺の比が黄金比なら、どんな長方形でも黄金比長方形になる。長方形から正方形を切り分けると（緑の部分）、もとの長方形と同じように隣の小さな長方形は黄金比長方形になる。この再分割をつづければ無限に黄金比長方形をつくることができる。最初の長方形の対角線（白い線）はすべての新たな黄金比長方形の角を通る。

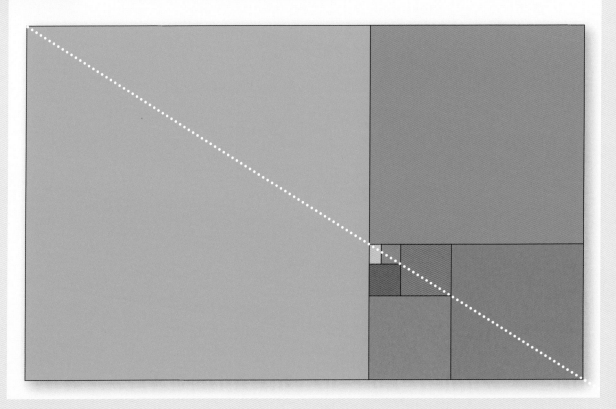

ミヒャエル・メストリン
は黄金比を小数点以下
数桁まで初めて計算した。
ユークリッドが黄金比を
記述した1900年
後のことだった。

最初の計算

黄金比を解明する数学はとても複雑になってしまうが、長い方の部分の長さが1であるときのことを考えてみよう。黄金比を構成するような短い方の部分を加えるにはどうしたらいいか？ 最初の十分な答えは1597年のドイツの天文学者ミヒャエル・メストリンのもので、短い方の長さはだいたい0.618034だった。長い方と短い方を足すと全体の長さは1.618034……となり、実際には無限小数になる。

単純な過程

黄金比をつくりたければ1618の長さの線を引けばいい。端数は気にしなくてかまわない。単位がインチだろうがミリメートルだろうが指の長さだろうがかまわない。1000単位を端から測れば、黄金比ができる。

単純な長方形

黄金比はひとつのものを次々と分割するのにも使える。対象が直線である必要はない。黄金比長方形は辺の比が黄金比に従っている長方形だ。先ほどの単純な数値を使うと、長辺が1000単位なら短辺は618単位になる。黄金比長方形は次々と小さな黄金比長方形に分けることができる（左ページのコラム参照）。どこまでも、あるいは見えなくなるまで。黄金比長方形にはほかにも特長がある。長方形をひとつは横長、ひとつは縦長に、角が一直線に並ぶように置く。横向きの長方形に対角線を引いてみよう。下の角から上の角へ対角線を引くと、その直線を伸ばしていけば縦長の長方形の角を通る。実はクレジットカードもそうなっている。試してみよう。そう、クレジットカードは黄金比長方形なのだ（下参照）。

クレジットカードはすべて黄金比長方形だ。それを確かめるには、クレジットカード2枚を下の写真のように並べ、定規をそれぞれのカードの左下の角と右上の角をつなぐように合わせてみよう。

48

ちょうどいい

黄金比長方形はパルテノン神殿の外観のいろいろな場所で見られる。たとえば正面の円柱でできたファサードは黄金比長方形だ。しかしフィディアスが数学的に彼の建築作品の寸法を出していたという証拠はない。おそらく偶然なのだろう。しかし、的確な判断だった。黄金比長方形は「ちょうどよく」見える。

自然の中の黄金比

黄金比は自然の中にも見られる、といえばおかしな話に思えるかもしれない。自然界に直線はあまりないからだ。長方形は言うまでもない。一方、黄金比をつ

Column
黄金渦

黄金比長方形は黄金渦に変換することができる。まず、大きな黄金比長方形を小さな長方形に分けていく。これは黄金比長方形から正方形を取り除いていけばできる。円周の4分の1をピッタリと正方形の中に書き、それをすべての正方形に書いていくと、その図形は渦になる。いちばん小さい正方形からはじめると、つづく正方形は黄金比倍で大きくなっていく。つまり、この渦は円の4分の1ごとに黄金比倍で幅が広くなっていくのだ。

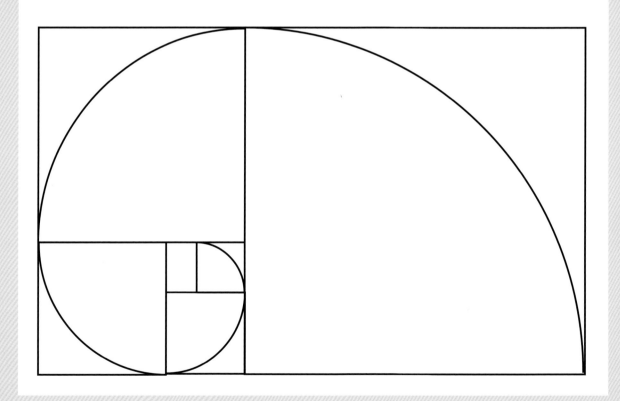

このヒマワリの花の中央から始まる種の行列の渦は、黄金渦と似ている。

くり出す方法を研究する数学者たちは、それが美しい螺旋模様をつくるのに使えることを発見した。螺旋、あるいはそれに似た模様は、自然界のいろいろなものに表れる。たとえばカタツムリなどの軟体動物の殻の模様や、銀河の渦巻きの形などだ。いくつかの花の種は黄金比渦に並ぶ。なぜその形になるかというと、場所を節約し、できるだけ多くの種を育てるためだ。種が直線に並ぶと一見単純に見えるが、不要な空白の場所が生じて無駄になる。渦はより効率的な方法で、なかでも黄金比渦はもっとも効率的だ。

黄金角

　植物は黄金比を別の目的でも使っている。黄金角は円をふたつの部分に分けるとき、小さな方と大きな方の比が、大きな方と全体の比と一致するような角度の

ことだ。直線の場合と同じである。数学者はこの角度をφで表すが、それは137度だ（円全体は360度）。植物はこの黄金角を葉や花びらの配置に使う。新しい葉は茎の周りに、前の葉から137度離れてつく。これは茎の周りをもっとも効率的に埋めていく方法だ。

芸術とデザインの中の比

　数学的な感覚をもつ美術愛好家は、有名な絵画を黄金比に分割するとお互いに入れ子になっていることを知っている（46ページのコラム参照）。レオナルド・ダ・ヴィンチのモナ・リザはよくこのように分析される。一方、黄金比長方形はほとんどすべての絵画にあてはまるが、それらの絵が黄金比を意図的に使って描かれたと考える数学者はほとんどいない。しかしレオナルドは黄金比に興味をもっており、人体を描くのにあてはめようとした。ところが、彼はそのために体のある部分（主に胴体）を伸ばす一方、別のある部分（脚）を短くしなければならないことに気づいた。それはともかく、黄金比は多くの芸術作品やデザインに利用されてきた。おそらくもっとも有名なのはニューヨークの国際連合（UN）ビルだろう。前から見ると、この巨大な建物は黄金比長方形になっている。

Column
貴金属比

　黄金比にはやや美しさに劣る親戚がいる。白銀比と青銅比だ。複雑な数だが、長方形で見るとわかりやすい。黄金比長方形から正方形を取ると小さな黄金比長方形ができる。白銀比長方形は、正方形ふたつを取ると同じ比の白銀比長方形ができる図形だ。青銅比長方形はずっと細長い長方形で、正方形を三つ取ると同じ比の長方形ができる図形だ。

$$\frac{1 + \sqrt{5}}{2}$$ 黄金比

$$\frac{1 + \sqrt{8}}{2}$$ 白銀比

$$\frac{1 + \sqrt{13}}{2}$$ 青銅比

人体の測定

　国連ビルを主に設計したのはシャルル=エドゥアール・ジャヌレ=グリだが、彼はル・コルビュジエとして知られる。ル・コルビュジエは人間が住むための理想的な大きさと形の建物空間とはどのようなものかに興味をもっていた。1940年代に彼はモジュロールという、人間の体の寸法をもとにした寸法セットをつくった。念のため言っておくと、ル・コルビュジエは平均的な人体より大きな寸法を想定していて、身長は6フィート（1.83メートル）に設定していた。彼は人間にはそれ以上の空間が必要だと実感していたので、彼の人体モデルは腕を頭の上に挙げている。人体見本の全体の高さは7フィート3インチ（2.262メートル）ある。彼は建物のすべての寸法（天井、ドア、階段などの寸法）はこのモデルに準拠するべきだと考えた。そうすれば個人が、そして多くの人が生活したり働いたりするのにもっとも適した空間をつくることができる。もちろんすべてが1モジュロールの大きさでなければならないわけではなく、ル・コルビュジエは椅子の高さや廊下の幅、階段の高さのようなものの寸法を決める寸法セットを黄金比を使ってつくった。大きな寸法セットは建物全体を、基礎から屋根まで設計するのに使われた。

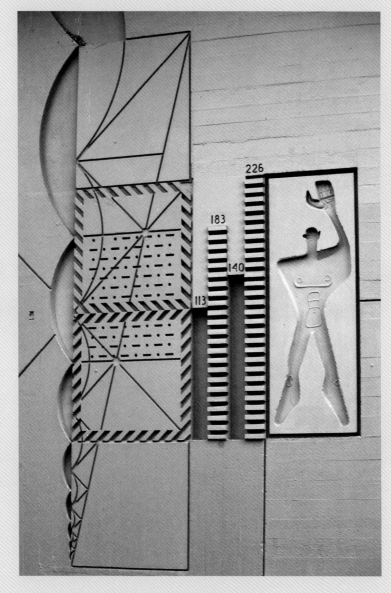

ル・コルビュジエのモジュロールマンと、モジュロールマンから黄金比を用いて算出された多くの寸法は、フランス・マルセイユのユニテ・ダビタシオンの壁面に飾られている。

この正三十面体は黄金比図形を用いてつくれるもっとも小さい正多面体だ。この立体の30個の面はすべて黄金比ひし形で、下の図のように、長い対角線と短い対角線の比がφになっている。

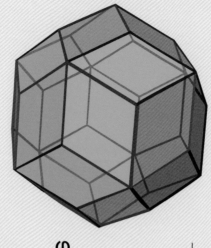

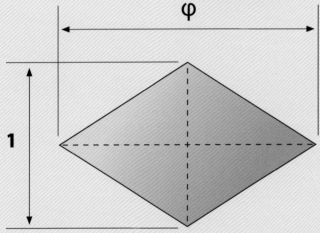

黄金比三角形

黄金比はほかのいろいろな図形をつくり出すときにも使える。たとえば黄金比三角形だ。黄金比三角形は二等辺三角形（2辺の長さが等しい三角形）で、同じ長さの辺のほうが残りの辺より長い。短い辺と、等しい2辺の長さの比が黄金比になっているのだ。黄金比長方形のように、黄金比三角形もより小さな黄金比三角形に分けていくことができる。また、次にペンタグラム（アメリカ国旗の星条旗にあるような、五つの頂

点をもつ五芒星の数学的な名前）を見る機会があったら確認してみてほしい。星の先の三角形の部分は黄金比三角形になっている。

大ピラミッドの黄金比

エジプトのカイロ近くにあるギザの大ピラミッドにも黄金比は使われている。それはユークリッドが黄金比を示す2200年も前から、数学者たちが黄金比を理解していたことを意味する。ピラミッドの三角形の面は黄金比三角形を2分割した三角形でできている。三角形は、合わせるともとの三角形になるような二つの直角三角形に分割できるのだ。つけ加えると、φは底辺と高さの比にもかかわっている。おそらくピラミッドの設計者はφを使ったか、あるいはただ単にものの比率を見定める力があったのだろう。

黄金比の立体

正多面体（すべての辺と面が同じ立体）を黄金比三角形や黄金比長方形でつくることはできない。一方、黄金比ひし形を使うことはできる。対角線の長さの比が黄金比になっているひし形だ（左上の図参照）。30個の黄金比ひし形を組み合わせると、30面ダイスに使われる正三十面体ができる。こんなところにも黄金比があるのは驚きだ。

参照：
フィボナッチ数列…80ページ
e…138ページ

星条旗や他の多くの旗に使
われる五芒星は黄金比に基
づいている。

インドのアグラにある
タージ・マハルは黄金
比を使って設計されて
いる。黄金比はアーチ
やファサード、ドーム
部分の比率に見て取れ
る。

ニューヨークの国連ビ
ルは黄金比長方形だ。

魔方陣
Magic squares

数学の核心は問題を解くことだ。ゲームやパズルの背後にはたくさんの数学がひそんでいる。おそらくもっとも古い数学パズルは魔方陣だろう。川の水面に浮かび上がってきたカメの甲羅に魔方陣が刻まれていたという。

魔方陣にかんする記述の中でもっとも古いのは、紀元前3世紀の中国の本『九章算術』のものだ。魔方陣は3×3の正方形で、9種類の数字（あるいはマス目）が書かれている。どの行、列、中央を通る対角線をと

っても、三つの数字の合計は15になる。この数学的な図の伝統的な名前は洛書といい、意味は川の渦巻き、もしくは地図と訳される。洛書については、2000年以上前に中国を治めた伝説の王、禹の時代に川から浮かび上がってきたと言い伝えられている。

洛書の魔方陣。古代中国でカメの甲羅に表れたと言われているものと、現代の数字によるもの。

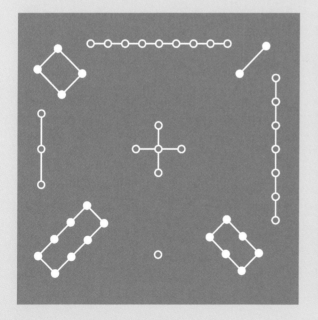

4	9	2
3	5	7
8	1	6

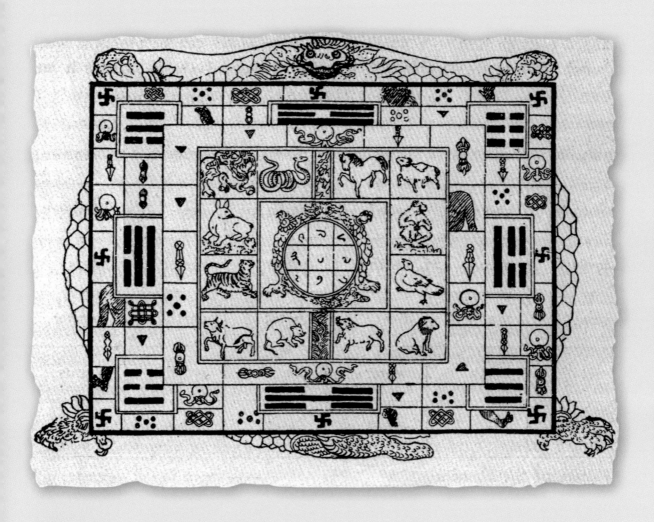

破壊的な洪水

　ある記録によると、禹の王国は破壊的な洪水に襲わ
れたという。王に仕える技術者たちが水を流し出そう
としたところ、カメが深い水の底から浮き上がってき
た。その甲羅には当時の中国の数字が3×3のマス目
に並べられていた。その数字は中国の占星術で深い意
味をもっていた。中国の十二宮図は15日周期に分か
れていて、つまりカメの刻印とそこに書かれた数字は、

自然を操るすべを表しているように見えた。

魔方陣をつくる

　紀元前6世紀には、ペルシャとアラブの学者たちが
魔方陣の性質を研究していた。イスラムの数学者たち

は16マス、25マス、36マスの魔方陣をつくっていた。その後10世紀までには、彼らは魔方陣の法則を解明し、その大きさには限界がなくなった。

魔方陣の秩序

真正な魔方陣は以下のルールに従う。数を足し算するマスの数をその魔方陣のorder、もしくはnで表す。洛書の魔方陣はn＝3だ。order 1（n＝1）の魔方陣は自動的に1だけになる。すごいパズルではないが、知っておくと面白い。order 2の魔方陣はありえない。order nの魔方陣に書かれる数は、1からn^2までの数だ。n＝2だと、最大の数が2^2になるが（2×2＝4）、1、2、3、4だけを使って魔方陣をつくることはできない。一方、n＝3またそれ以上なら（無限に大

1514年、ドイツの画家アルブレヒト・デューラーは銅版画「メランコリアI」に魔方陣を刻みこんだ。デューラーは非常に写実的な絵画をつくり出すために数学を使った。魔方陣（制作年を示すために15の隣に14が描かれている）は、彼がいかに数学に長けていたかを示している。この絵にはほかにもたくさんの数学的なものが描きこまれているが、暗い色の翼を生やした人物はそれらに無関心に見える。この人物は画家の想像力を表しているといわれる。

きくできる）、魔方陣は常につくれる。

魔方陣の数

洛書の魔方陣では、行や列の三つのマスの数字を足すと15になった。これをこの魔方陣の数と呼ぼう。

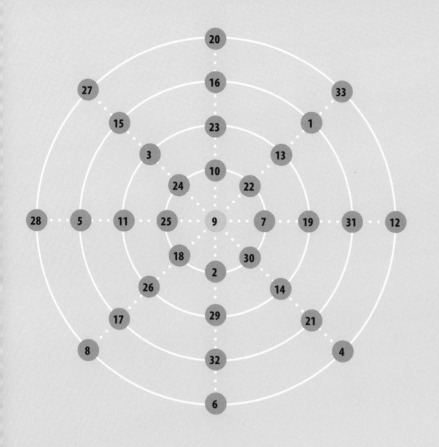

魔方円
魔方円は数字が円周上に書かれたいくつかの同心円でできている。それぞれの円周上の数と中央の数の和は、直径の上に並ぶ数の和と等しい。

ラテン方陣
数字の代わりに、ラテン方陣では記号や色を使う。同じ記号や色は行と列それぞれのなかに1回しか出てこない。

外周三角形
各辺の三つの数を足すとすべて同じになる。これらの例では1から6までの数を使い、4通りがある。ここに3通りを示す。4通り目の各辺の和は9になる。どんな並びかわかるだろうか？

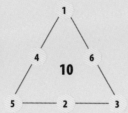

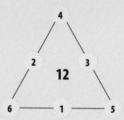

order nの魔方陣の数はn(n² + 1)/1という公式で求められる。つまりn＝3のときは、魔方陣の数は3×(9＋1）を2で割った数になる。本当に15になるか自分で計算して確かめてみよう。上の囲みのように、いくつかの魔方陣の数を自分で計算してみることもできる。しかし、魔方陣には単なる楽しいパズル以上のものがあると感じないだろうか？　いくつかの数（すべての魔方陣の数を含む）はより小さな数のかけ算でできているのだ。そのような数を合成数という。合成数でない数が素数だ。素数は数学のまた別の秘密を示す例だ。

参照：
数の発明…10 ページ
素数…58 ページ

素数
Prime numbers

われわれの多くにとって、数は数えたり、周期を説明したり、ものごとを解明する規則をつくったりするための道具だ。一方、素数はこれらの目的には当てはまらない。素数は神秘に近いものだ。しかし、驚くべきことに、われわれが数えたり周期を説明したりするのに使う数は、実はすべて素数から生まれているのだ。

素数の説明はかんたんだ。素数とは、1とそれ自身でしか割り切れない数だ。いくつかの数を調べてみよう。1はそれ自身と1で割り切れる。したがって1は素数だ（いや、1はたいへん特別な数なので、1が素数なのかどうかは少しあとで確かめよう）。2に移ると、2はそれ自身と1でしか割り切れないので、素数だ。いまのところ、すべての数は1で割り切れるので、それ以外の割り切れる数はないかどうかを考えればよい。3は2では割り切れないが3自身では割り切れるので素数。4は2で割り切れるので素数ではない。すべての2より大きい偶数は2で割り切れるので、その中に素数はない。2は唯一偶数の中にある素数だ。

シレーネのエラトステネスは、素数についていち早く探求した人間のひとりだ。その探求がどのように進んだかは62ページ参照。

素数のはじまり

他の素数、7、11、13、17、19……まだつづくが、われわれの最も古い祖先も素数に興味をもっていたことが知られている。イシャンゴの骨は2万年以上前に刻み目を刻まれたヒヒの骨だが、10から20までの間のいくつかの素数を表していた。なにか大きな数の計

算に役立てたのだろうか？　それはわからないが、素数が文明の興る前から人々をひきつけてきたことはたしかだ。古代エジプト人は、素数を含む分数を扱うとき、ほかの数の場合とは扱いをかえていた。こちらもなぜかはわからない。素数の理解がほんとうにはじまったのは紀元前300年、ギリシャ人の数学者ユークリッドが自分の知りうる数学のすべてを記録した本『原論』（実際は13冊の小さな本の集まりだった）を刊行したころだ。

算術のすべて

　ユークリッドの『原論』は2300年以上のあいだ版が途切れることはなかった。こんなに読まれた本はほかにはほとんどない。数学の数多くの法則や規則の中でも、『原論』は「算術の基本定理」について記述している。これはなかなかいかめしい名前だ。しかしちょっと待ってほしい。この定理は「すべての1より大きい自然数（14ページ参照）が、素数または特定の組み合わせの素数をかけ算してつくられる」ことを述べている。かけ合わせて別の数をつくる数のことを因数という。すべての素数でない数は、素数の因数（素因数）をかけ合わせてできている。たとえば、4＝2×2、6＝2×3、8＝2×2×2、12＝2×2×3、そして15＝3×5だ。これらの計算についてもう少し考えてみよう。これらの数をつくる別の素数の組み合わせを考えられるだ

Column
素数の種類

　無限にある素数の中で、数学者は多くの組み合わせを見つけた。双子素数は差が2である素数の組み合わせ、三つ子素数は二つ差と四つ差の素数の組み合わせ、いとこ素数は差が4の組み合わせ、セクシー素数は六つ差の組み合わせだ。

双子素数：

(3, 5), (5, 7), (11, 13), (17, 19), (29, 31), (41, 43), (59, 61), (71, 73), (101, 103), (107, 109)

三つ子素数：

(5, 7, 11), (7, 11, 13), (11, 13, 17), (13, 17, 19), (17, 19, 23), (37, 41, 43), (41, 43, 47), (67, 71, 73), (97, 101, 103), (101, 103, 107), (103, 107, 109), (107, 109, 113), (191, 193, 197), (193, 197, 199), (223, 227, 229), (227, 229, 233), (277, 281, 283), (307, 311, 313), (311, 313, 317), (347, 349, 353), (457, 461, 463), (461, 463, 467), (613, 617, 619), (641, 643, 647), (821, 823, 827)

いとこ素数：

(3, 7), (7, 11), (13, 17), (19, 23), (37, 41), (43, 47), (67, 71), (79, 83), (97, 101), (103, 107), (109, 113), (127, 131), (163, 167), (193, 197), (223, 227), (229, 233), (277, 281), (307, 311), (313, 317), (349, 353), (379, 383), (397, 401), (439, 443), (457, 461), (463, 467), (487, 491), (499, 503), (613, 617), (643, 647), (673, 677)

セクシー素数：

(5,11), (7,13), (11,17), (13,19), (17,23), (23,29), (31,37), (37,43), (41,47), (47,53), (53,59), (61,67), (67,73), (73,79), (83,89), (97,103), (101,107), (103,109), (107,113), (131,137), (151,157), (157,163), (167,173), (173,179), (191,197), (193,199), (223,229), (227,233), (233,239), (251,257), (257,263), (263,269), (271,277), (277,283), (307,313), (311,317), (331,337)

60

ろうか？　順序はともかく、組み合わせはこの1種類ずつしかない。素数でない数ひとつについて、素数の因数の組み合わせはひとつだけだ。

数の原子

このことから、素数でない数を合成数と呼ぶ。より小さな素数を合成してできた数だからだ。すると素数は数における原子のようなものだ。より小さな部分に分けることはできず、他のすべてのものは素数によってできているのだから。

素数の無限性

『原論』はほかに、ユークリッドの定理と呼ばれる証明を扱っている。素数は無数に存在するという内容だ。すでに一部は述べたが、中身を説明しよう。証明は、素数の個数は有限であり、そのすべてをわれわれは知っていると仮定するところからはじまる。ユークリッドはこの仮定に基づいて議論を進めると以下のような矛盾が生じることを示した。すべての既知の素数をかけ合わせた数をPとする。次にそのPに1を加えたらどうなるか？　その答えをQとする。このQは、

Column
自然の中の素数

アメリカのセミは、捕食者の襲撃をかわすために素数を使った。周期ゼミといわれるそのセミは、生きている時間のほとんどを土中で羽のない幼虫の姿で、根から樹液を吸って過ごす。成虫になる時期には、彼らは土から抜け出て、木に登って、羽化のためサナギになる。すべての幼虫が一度に現れる（つがいの相手を見つける最適の方法でもある）。しかし彼らは13年ないし17年のあいだ、土中で待ちつづけるのだ。13も17も素数で、これは捕食者たちにはこのセミのライフサイクルに合わせることがほとんど不可能なことを意味する。たとえばもし捕食者が10年に一度ふらりとその地域を訪れるなら、常に群れを逃すことになる。もしそれが13年のサイクルに合ったとしても、17年のサイクルは逃してしまうし、逆もまたしかりだ。こうして素数のおかげで群れは生きのこる。

偉大なギリシャの数学者ユークリッドが、彼の数学にかんする知識を民衆に示している場面。素数が無限に存在することを示したのはユークリッドだと言われているが、われわれはいまだ素数のすべてを把握する方法を知らない。

それ以前には知り得なかった新しい素数だ。一方、もしQが素数でなかったとしたら話はなおややこしくなる。Qが素数でないのなら、Qを構成する素数が存在するということになる。すでに、Qを計算するために使ったすべての素数のリストがあるのだ。その中にQを割り切れる素数があるのか？　ユークリッドはそれは不可能だという。なぜならそのリストの素数はすでにPの因数だからだ（Pはすべての素数をかけ合わせた数であることを思い出してほしい。すべての素数はPを割り切る数なのだ）。PとQをともに割り切る素数は存在しない。PとQの差は1しかなく、1を割り切れる素数は存在しないからだ。これは、合成数Qにはリストにない新たな素数の因数があることを意味する。以上より、さらに未知の素数は必ず存在する！　どのような素数のリストも未完成なのだ。

むずかしい概念

　つまり紀元前3世紀までには、数学者たちは素数が無限に存在することを理解していた。これはなかなか同意しにくい突飛な概念である。というのも、彼らの考える自然と符合しなかったからだ。自然に存在するもので無限なものはなく、数学が無限という概念に体当りすることはすなわち神の領域に迷いこむことだった（152ページ参照）。ところで素数と合成数をどうやって見分けるのか？　見分けられる方法はあるのか？　ギリシャの数学者エラトステネスは、単純で効果的な方法を考えついた。彼は合成数から素数を選び出すふるいを使ったのだ。

エラトステネスのふるい

　エラトステネスのふるいは、一定の範囲の数から素数を見つける方法だ。数を並べるところからはじめるが、ためしに1から100としよう。次に合成数を消していこう。最初の素数2からはじめて（1は無視）、2より大きい偶数はすべて素数ではないので、最初のステップは2ずつ数えながら偶数を消していくことだ。4、6、8、10……リスト（あるいはマス目）をどこに書いていようと、数を消していく。これであっという間に数の半分が削除された。つづいて3から3ずつ数えていく。3の倍数のうち偶数（6、12、そのほか）はもう消しているので、奇数のものを消していく。9、

かつてこれらは最初の三つの素数だと考えられていた。今日では1はリストから除かれている。

15、21、さらにその先。4については同じことをする必要はない。もう素数でないことは示し終わっている。次の素数5についても5ずつ数えていく。25、35……かなり残り少なくなっているだろう。もう少しの辛抱だ。ひとつの数について作業を終えるたびに、まだ残っている次の数に飛べばいい。素数の定義から、その数より小さいその数を割り切れる数は存在しないからだ。数分の手作業で、100までの間に素数は25あることがわかる。コンピューターをこの作業に使えば、大量の素数をふるい出すことができるが、超高速コンピューターでも無限はふるえない。それこそ無限の時間がかかるだろう。素数を予見することはできないものか？

Column
世界を測る

　素数を見つける方法を考案したことと同じくらい、エラトステネスは地球の大きさを紀元前3世紀に測っていたことでも有名だ。この地図は当時彼が地球の姿をどう捉えていたかを示すものだ。彼はエジプトのふたつの都市での太陽光の角度の差を利用して、その都市間の地球の表面の一部の長さを計算した。彼はつづいてその距離にかけ算をして全体の距離を算出した。彼の出した答えは、実際の長さと1%以下のずれしかなかったのである！

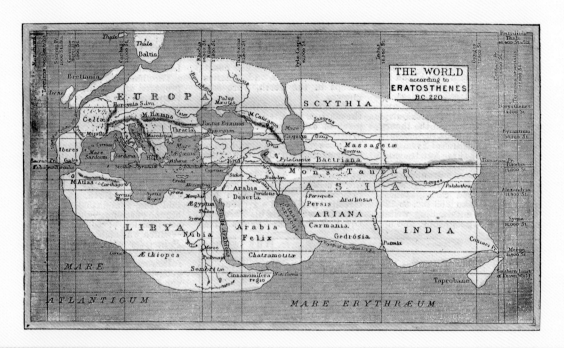

素数、素数じゃない

　素数の出現パターンを見つけることは、ユークリッド以来数学者たちの目標だった。これは非常に困難なことで、数学上のもっとも大きなパズルとして残っている。ところで、1については素数のリストからこれを除くのが習いだ。一見、1は素数の定義に合っている。1とその数自身（1であることもありうる）で割り切れるからだ。このために長いあいだ1は素数の一角を占めるとみなされてきた。一方「算術の基本定理」では結局1は素数のリストから除かれていた。定理では、合成数は「特定の素数の組み合わせをかけ合わせてつくられた」数とされている。「特定の」は非常に重要だ。というのは1が素数であるとすれば、合成数は特定の素数の組み合わせをもたないことになるからだ。たとえば、6は2×3だ。1が素数に含まれるなら、6は1×2×3ともいえるだろう。あまり問題ないように見えるが、さらに1を加えたっていいだろう。6は1×1×2×3になる。ずっと1を加えつづけることができるし、いくら加えても答えは6になる。もう特定

素数を使う

素数は秘密を守るのに役立つ。ふたつのコンピューターを安全に接続しようとするとき、交換するメッセージを暗号化するのには非常に大きな数を使う。その数は公開されるが、その数のつくり方はそうではない。その数はふたつの非常に大きな素数をかけ合わせたもので、その素数は秘密だ。ふたつの素数はもとの非常に大きな、公開の数のただふたつしかない因数で、メッセージの暗号を解除するにはこのふたつの素数が必要になる。この素数がわかっていれば暗号はかんたんに解けるが、世界最速のコンピューターを使っても、2年以上かかるという。素数の出現を予測する方法がなく、コンピューターは試行錯誤をくり返して巨大な数の計算をしなければならないからだ。

セキュリティソフトは、解くのが非常に困難な非常に巨大な素数の計算をして、あなたのオンラインでの行動の安全を守っている。

の素数の組み合わせとはいえないだろう。もっとも簡素な解決法は、1を素数のリストから除くことだ。それでもなお、1はたいへん特別な数である。

コラッツ予想

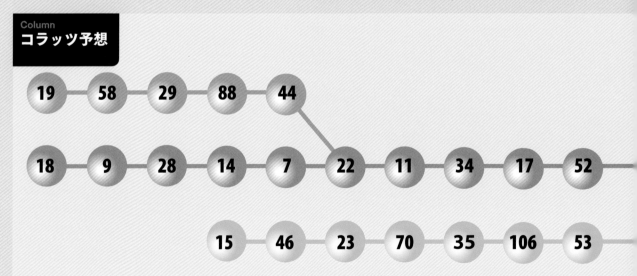

素数の広がり

ほかの方法で暗号を突破するには、素数の出現規則を解明するしかない。そうすれば数のなかにあるすべての素数がわかるだろう。10より小さい数のなかの素数は2、3、5、7で、ふたつおきにあり、10個の数のなかに4個ある、あるいは40％あるようだ。これを100までの数のなかにある素数のリストと比べてみよう（もしリストが手元になかったら、自分でエラトステネスのふるいにかけてみよう。67ページ参照）。素数は25個あり、ということは100までの数の25％が素数なのだ。素数の出現は、全体の数が大きくなればなるほど減っていく。それは理にかなっている、というのも、大きな数ほど小さな数で割れるからだ。1000から10000のなかには素数は12％しかないし、1億と10億のあいだには5％しかない。ユークリッドが証明したように、素数が出現しなくなることはないが、次の素数が出現するには常に前より大きな空白地帯がある。この空白地帯の大きさを予測することができるだろうか？　これは意味ある試みに思えないだろうか？　最初の4つの素数を見てみよう。10までのあいだに緊密に並んでいるが、その後は数直線上の素数と素数のあいだにはどんどん開きが出てくる。この開きを数学的な方法で計算することができるだろうか。

空白を探して

スーパーコンピューターを使って、数学者たちは少なくとも50億個の素数を発見している。現在知られているもっとも大きな素数は、22,338,618桁ある（原著発刊時）。ここまでわかっていても、精密かつ簡単に素数の出現を予測する方法は見つかっていない。ふたつの素数の差は素数ギャップと呼ばれる。素数2と3の素数ギャップは1だ。想像がつくとおり、素数が大きくなれば素数ギャップも大きくなっていく。素数

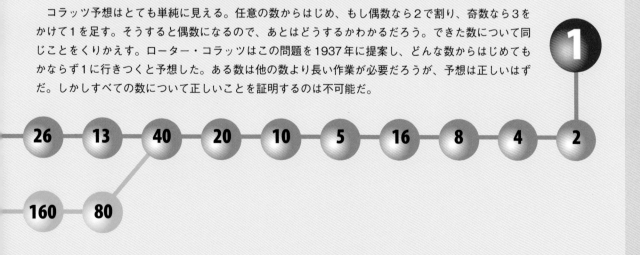

コラッツ予想はとても単純に見える。任意の数からはじめ、もし偶数なら2で割り、奇数なら3をかけて1を足す。そうすると偶数になるので、あとはどうするかわかるだろう。できた数について同じことをくりかえす。ローター・コラッツはこの問題を1937年に提案し、どんな数からはじめてもかならず1に行きつくと予想した。ある数は他の数より長い作業が必要だろうが、予想は正しいはずだ。しかしすべての数について正しいことを証明するのは不可能だ。

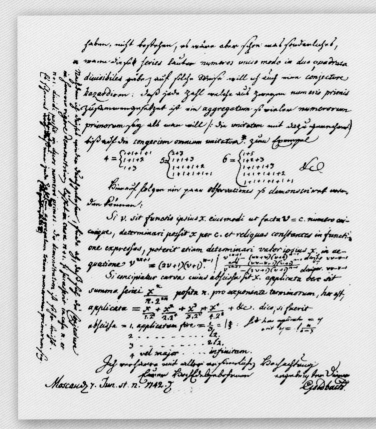

1742年に、ゴールドバッハがレオンハルト・オイラーに送った手紙。ゴールドバッハの予想について書いている。すべての偶数は二つの素数の和であるといえるか？　正しそうに思えるが、誰もそれを証明していない……まだ。

か差のない素数の組み合わせを双子素数という。双子素数には3と5、71と73があるが、さらに大きな数もある。2007年に新たな双子素数が発見されたが、その素数はそれぞれ58,711桁あった。

さらなる発展

　数学者の中にはこれら素数にかんする業績のために有名になった人物がいる。1742年、クリスチャン・ゴールドバッハというドイツ人が、すべての偶数はふたつの素数の和といえるかを考えた（ゴールドバッハの予想）。400京までのすべての数が調べられた。すべての数がこの規則に合っていたが、なぜそうなるのかを証明することはで

と素数のあいだには何千もの合成数がある。発見されているなかで最大の素数ギャップには3300万個の数がある。一方、そのギャップにきまったパターンはなく、どんな幅もありうる。たとえば、相当大きなギャップのあとに2のギャップがつづくこともある。2し

Column
完全数

完全数はその数のすべての因数（1も含む）の和がその数自身と等しい合成数だ。たとえば、いちばん単純なのは6だ。因数は1、2、3で、合計は1＋2＋3＝6。完全数はメルセンヌ数という素数の集合に関係がある。176ページでさらに見てみよう。

$6 = 1 + 2 + 3$

$28 = 1 + 2 + 4 + 7 + 14$

$496 = 1 + 2 + 4 + 8 + 16 + 31 + 62 + 124 + 248$

$8128 = 1 + 2 + 4 + 8 + 16 + 32 + 64 + 127 + 254 + 508 + 1016 + 2032 + 4064$

やってみよう！

これは、エラトステネスのふるいで、100までの数から素数をふるい出したものだ。他の数で割り切れる数はどんどん消え、素数だけが残っている。

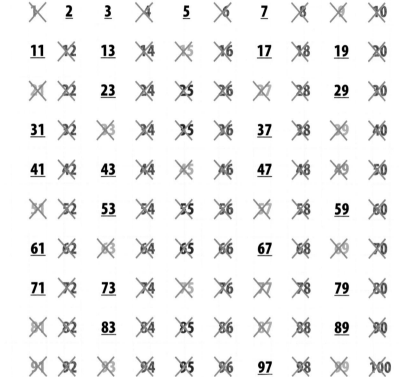

- ◉ 2の倍数
- ◉ 3の倍数
- ◉ 5の倍数
- ◉ 7の倍数
- ◉ 素数

きなかった。カール・フリードリヒ・ガウスは19世紀に活躍した同じくドイツ人数学者だが、ある数より小さな素数の個数を見積もる方法を明らかにした。1859年、ガウスの死後まもなく、また別のドイツ人数学者ベルンハルト・リーマンが、素数の出現を予測する方法を打ち立てた。彼はゼータ関数という非常に複雑な数式を使い、無限の長さをもつリストの数を足し合わせていった。リーマンは、彼のやり方ならすべ

ての素数が数直線上のどこにあるか示せるといった（リーマン予想）が、まだだれもそれを証明できていない。だれかできた人がいれば、100万ドルの賞金がもらえるという！

参照：
合同算術…142 ページ
メルセンヌ素数…176 ページ

パイ
Pi

パイはとても特別な数だ。ギリシャ文字の π の ほうがなじみがあるだろう。この数を記号で 表すのは、具体的な数をすべて書き表すことが不可能 だからだ。終わらない数なのである。パイの物語は古 代からはじまり、そして今日もまだ終わっていない。

π はギリシャ文字でpにあたり、「パイ」と読む。 この記号は18世紀初頭から使われているが、π の歴 史はそれよりもかなり古い。

円の大きさ

われわれの多くにとって π は3.14だが、これは概 数だ。π は単純な数では表せないが、ごく単純な疑 問から生まれている。もし円の直径がわかるなら、周、 つまり円を一周する距離はいくらになるのか？ こ の疑問は同じ大きさの車輪を制作する車の修理工や、 樽をつくる酒屋にとって切実だった。

円をめぐる言葉

円は独特な形をしている。ひとつしか辺がない唯 一の正多角形だ。円周上のすべての点の中心からの 距離が等しい。この距離を半径という。円の幅、も しくは円周上の点から中心を通って反対側までの距 離を直径という。直径は半径の2倍と等しい。円を表 すにはもうひとつ単語が要る。周（perimeter）は「ま わりの長さ」という意味で、どんな図形にも使える 単語だ。実際、周は円のまわりの長さを表すときに も使うが、円周（circumference）は「ぐるっと回る」 という意味で、これは円だけに使う。

ふたつの長さを比べる

車の修理工の疑問に戻ると、π は単純な 計算の答えだった。π＝C/dで、つまりC （circumference＝円周）をd（diameter＝直径）

今日、電卓のキーを叩けば π の 値は3.1415...と見ることができ るが、ではだれがこの計算をし たのか？

πについて画期的な発見をした
アルキメデスは、ディバイダー
という道具を使った。

で割った答えだ。このちょっとした数式は、円周が直径の何倍なのかを示している。円の大きさがどれだけであれ、この関係はかわらない。したがってπはコインだろうが赤道だろうがあてはまる。πのもうひとつの意味は、円周と直径の比の値（44ページ参照）だ。この比は円という図形を表す根本で、πはC（円周）からd（直径）を計算するときにも使える。C＝πdだ。

測りがたい答え

C/dの計算の答え、つまりπの値を出すのはむずかしいことがわかっている。直径を測るのはかんたんだ。古代の数学者が円を描

Column
ラジアン

円を部分に分ける方法のひとつは、360度に分けることだ（18ページのコラム参照）。一方、他にも角度の単位がある。ラジアン（rad）という半径（radius）に由来する用語だ。円周の一部のことを弧という。たとえば、半円は円周の半分の長さの弧だ。弧に対応する中心角の大きさは180度になる。これをπラジアンとも表す。もう少し説明してみよう。1ラジアンは1半径分の長さの弧だ。中心角は57.3度になるが、ラジアンと度数を同時に使うことはない。円周全部の長さは2πのr倍なので、円周全部の中心角は2πラジアンということになる。半円の弧の中心角はその半分で、π×rだ。つまり、半円の中心角はπラジアンになる。ラジアンは円の中心角を表すより自然な方法で、数学のより複雑な領域に進むときに便利な道具だ。

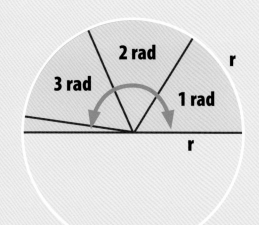

3.1415926535... ラジアン
＝πラジアン
＝180°

くのに使ったのはディバイダーだ。これは今日の算数の授業で使うコンパスとよく似た道具だ。コンパスの片方は円の中心を指し、もう片方の腕は円周をなぞる。コンパスのあいだの距離が円の半径（直径の半分）だ。そのため数学者は数式に半径（r）のほうを使った。π＝C/2rだ。円周の長さを測るにはさらに技が必要で、その技のひとつは車輪を一周分動かして、どれだけ進んだかを見ることだ。それからその長さを直径と比べればいい。直径の3倍くらいであることはすぐわかるが、それよりもう少し長いようだ。つまり、πは3より少し大きな数になる。

ほとんど合っている

バビロニアやエジプトのような古代文明の数学者と技術者たちは、πを知っていた。ただし、その値についてはだいたいの予測をつけただけだった。バビロニア人はπの値を3と1/8として使っていた。現代の小数に直すと3.125だ。古代エジプトの数学者アーメスは、紀元前1500年に、彼の考えるπの値は8/9を2倍して2乗した数だと書いている。これは（16/9）^{2}なので3.1605だ。

ギザの大ピラミッドの外周は、高さの約2π倍の長さだ。

π の正確さ

今日のわたしたちには、エジプトの値もバビロニアの値もちょっとちがうことがわかる。前者はやや大きく後者はやや小さい。しかしどちらもほぼ同じ値を出している。彼らはこの状況にあてはまる比較的単純な数を見つけようとし、試行錯誤の末にこの値にたどりついた。現実的に見ると、これらの値は古代の技術において必要とされる値としてはじゅうぶん役に立ったと思われる。

ピラミッドと π

ギザの大ピラミッドの面は π と関係している。それぞれのピラミッドの底面の正方形は、周の長さが高さの 2π 倍になっている。これは円の半径と円周の比に等しい。なぜ、またどうやってこの巨大な遺跡の設計者がこんなことをしたのかはわからない。というのも、設計図の類はなにも残っていないからだ。彼らは、円を描くためのコンパスを使って設計をはじめ、つぎにその円周の長さを計算するのに π の値を使っただろうという推測は成り立つ。彼らはその後ピラミッドを、おおよそ円周と同じ周の長さをもつ正方形の底面になるように設計した。ピラミッドの頂点を設計するにあたり、設計者は底面の円から直角に立ち上がる半円を思い浮かべたのではないか。半

円のもっとも高くなるところがピラミッドの頂点だ。なぜならその半円と底面の円は同じ半径で、つまりできあがったピラミッドの頂点の高さと周の長さは、設計のときに用いた円の半径と円周に等しくなる。

より高い精度で

のちに技術者たちはより正確な π の値を必要とす

アルキメデスは π の近似値を求めたのとは別の功績でも知られている。よく知られているように、彼は風呂に入っているとき、物体がいかに浮いたり沈んだりするのかを支配する法則を見つけ出した。彼はまた、しばしばローマ軍の襲撃を受けていたシシリー島にあるシラキュースを守る武器を発明した。彼はおそらく鏡で太陽光を反射して船を燃やし、また船をてこで進水させた。アルキメデスはてこの力を知っており「じゅうぶんな長さのてことそれを置く支点があれば、世界も動かしてみせる」と言ったという。

アルキメデスがてこで世界を動かしている。

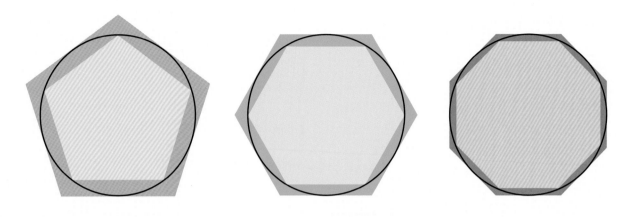

これらの円周は外側と内側の正多角形
の周の長さのあいだになる。

るようになる。古代ギリシャの技術者アルキメデスも
それを発見しようとした。現代の技術者たちは、より
正確なπの値を、より精密な円形の建築物を建てる
ために必要としている。さらに半球、円柱、そしてぴ
ったりの大きさの円錐などだ。πは無限につづく数
だが、そのすべてを知る必要はない。実際、πの最
初の39桁（3.14につづいて36個数字が並ぶ）もあれ
ばじゅうぶんだ。これは、全宇宙を囲む円の大きさを
計算するのにもじゅうぶんな値だ。この計算をするに
は、半径の設定がやや狂ってしまうだろう。少し小さ
いか、大きすぎるか。また、39桁のπの値を使うと
いうことは、水素の原子核の大きさほどのずれしか起
こらないだろうということを意味する。宇宙は、つま
り、宇宙にあるもっとも大きなもので、一方、水素の
原子核はもっとも小さなもののひとつである。つまり
39桁まで計算されたπの値は、ものの実際の大きさ
を予測するのに適切な道具なのだ。

数学界のスーパースター

　より正確なπの値を求めることに、技術を発展さ
せる意義があるのは明らかだ。しかし、古代から数
学者はπの値にほかの興味をもっていた。πは数学
における定数で、数学者が自然の物体を研究して導き
出した数だ。ほかの定数としては、黄金比Φ（44ペ
ージ参照）、自然対数e（138ページ参照）などがあ
る。πは円を研究することで導き出されたが、数学や、
空間と時間の関係、原子を構成する素粒子のふるまい
を説明する物理学にも登場する。

アルキメデスの定数

　πはアルキメデスの定数としても知られている。な
ぜならこの古代ギリシャの天才であるアルキメデス
は、紀元前3世紀にはじめてπの近似値を計算した
からだ。ほかの多くのギリシャ人数学者たちと同様、
アルキメデスは幾何学（図形を研究する学問）に慣
れ親しんでいた。彼がπの近似値を求めるのに使っ
たのは正多角形だ。多角形は3かそれ以上の辺をもつ
図形で、なかでも正多角形はすべての辺の長さ（と

すべての角の大きさ）が等しい図形だ。もっとも単純な正多角形は正三角形、正方形、正五角形などだ。正多角形の周の長さを求めるのは単純で、アルキメデスはさらに、多角形の辺の数がふえればふえるほど、その図形は円に近づくと推測した。六角形は正方形よりも丸いし、デカゴン（十角形）はもっと丸い。円は無限の数の辺をもつ図形であると考えることもできる。

内側と外側

アルキメデスは、どんな正多角形でも円の中に、つまりすべての頂点が円周に接するように描けることを知っていた。一方、それらの正多角形の周の長さは常に円周より短くなる。彼はまた、どんな正多角形の中にも、各辺の中点に接するような円を描けることもわかっていた。そして、再び周の長さについて考えると、その正多角形の周の長さは中の円の円周より常に長くなる。つまり彼の次の段階は、ひとつの円の中と外にそれぞれ正多角形を描くことだった。この方法なら、円周は外側と内側の正多角形の周の長さのあいだの長さということになる。円の半径がわかっているので、彼は正多角形の周を、π が取りうる最大値と最小値を求めるのに使える。正多角形の辺の数が

π は円の面積を求めるのと同様に、異なる次元の円にかんする図形についても計算できる。たとえば円錐、球、そして円柱だ。

Column
π の公式 いろいろ

円の円周　$C = 2\pi r = \pi d$
r は半径、d は直径
円の面積　$A = \pi r^2$
球の体積　$V = 4/3 \pi r^2$
球の表面積　$A = 4\pi r^2$
円錐の体積　$V = \pi r^2 h/3$
h は円錐の高さ
円柱の体積　$V = \pi r^2 h$
円柱の表面積　$A = 2\pi rh + 2\pi r^2$

ふえればふえるほど、周の長さの差は小さくなっていく。これは、πが取りうる最大値と最小値の幅がどんどん狭く正確になっていくことを意味している。

紙とペン

今日では、コンピューターを使えばどんな多角形でも円でも描くことができる。しかしアルキメデスにはそんな技術はなかった。実際に描くかわりに、アルキメデスは96辺の正多角形が円の中と外に描かれている状態を考えた。つぎに彼はこれらの図形の周の長さを求めた。この計算の結果、πは3.1408と3.1429のあいだの値を取ることがわかった。何世紀ものち、数学者たちはこれをより複雑な図形を描くことで証明しようとした。17世紀には、πを無限級数を利用して計算する方法が発展した。コンピューターがその計算を速め、πの最初の13.3兆桁が明らかになった。しかしπはまだまだつづくのだ！

備忘のために

記憶の達人たちはπの大量の桁を覚えているが、ほとんどの人は3.14で済ませている。しかし、次のπの詩（ポエム）、πの詩だからパイエムとでも言うべきか、それを使えばもっと長く覚えられるだろう。"How I want a drink, sparkling of course, after the heavy lectures involving quantum mechanics!"（いかに我が飲むことを欲するか、もちろん炭酸入りを、ヘビーな量子力学の授業のあとで！）この詩に使われた単語の文字数を並べると、πの15桁の数字になる。3.14159265358979だ。

Column
円錐曲線

円は円錐曲線のひとつである。円錐を違うやり方で切断すると、4種類の曲線ができる。円は円錐を底面と平行に切るとできる。楕円はつぶれた円のような図形だが、円錐を斜めに切るとできる。どんどん角度をつけて円錐の側面と平行になると放物線ができる。放物線にはいろいろな大きさがあるがすべてが同じ図形だ。最後に、より急角度で切ると双曲線という曲線になる。これはいろいろな形になりうる。

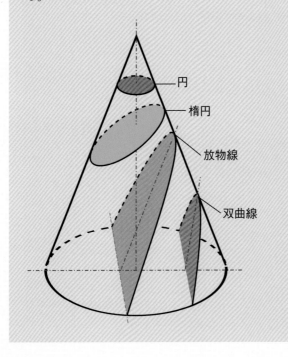

円
楕円
放物線
双曲線

参照：
超越数…148ページ

やってみよう！

　丸い立体の表面積や体積を求めるのに、π を使ってみよう。73ページの公式を参考にしてほしい。

円の面積

半径は2

面積＝ $\pi \times 2$
＝ 3.14×4
＝ 12.45

球の表面積

半径は2

面積＝ $4\pi \times 2^2$
＝ $4 \times 3.14 \times 4$
＝ 50.24

円錐の体積

半径は2、高さは10

体積＝ $(\pi \times 2^2 \times 10) \div 3$
＝ $(3.14 \times 4 \times 10) \div 3$
＝ $124.5 \div 3$
＝ 41.3

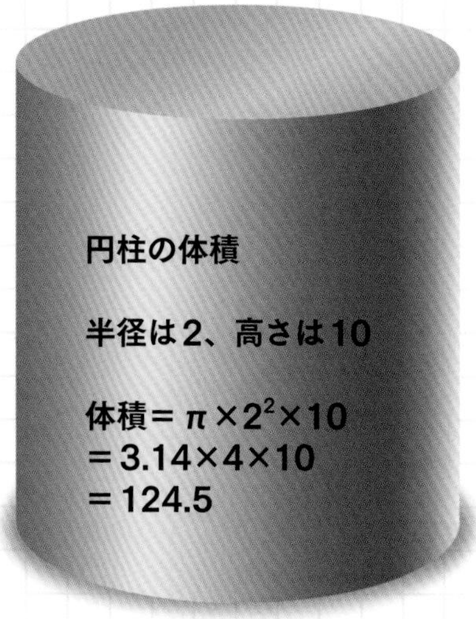

円柱の体積

半径は2、高さは10

体積＝ $\pi \times 2^2 \times 10$
＝ $3.14 \times 4 \times 10$
＝ 124.5

べき乗
Powers

特別な力は、コミックのスーパーヒーローだけのものではない。数学にだって特別な力（power）があり、大きな数を示したり、複雑なかけ算をかんたんに表したりする手早い方法として使われる。このアイデアは最初は単純だったが、すぐに非常に複雑なものとなった。

　数学における力（power）の正式な呼び名はべき乗法といい、ふたつの数で表される。底（Base）と指数（Exponent）だ。後ろの数は、前の数のとなりに上付きで書かれる。指数は底自身を何個かけ合わせるかを表す。つまり、2^2は2を2個かけた数で4になる（2×2）。4をこのように言い表すこともできる。「2を2乗した数」。指数にはどんな数が入ってもいい（分数でもいい。ただし相当複雑になる）。さて、3^3は3を3個かけた数、もしくは$3×3×3＝27$だ。4^1は4を1個かけた数だから単なる4だ。0乗もありうる。5^0は1となる。なぜそうなのかは少し後で見てみよう。

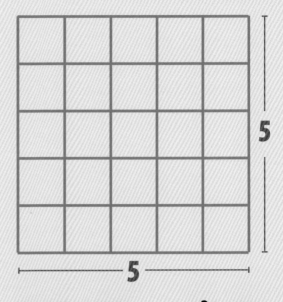

$$5 \times 5 = 25 \qquad 5^2 = 25$$

5本ずつの線の集まりで5^2（あるいは25）マスの正方形をつくることができる。マス目を数えてみよう。

図形をつくる

　べき乗法の起源は幾何学、図形を研究する学問にある。そのため、2乗す

指数

底 5^2

ることをしばしば「平方する」という。正確な値を、底から正方形を描くことで求められるからだ（上の図参照）。同様に、ある数を3乗することを「立方する」ともいう。これは先程の図形を3次元にすればいい（78ページ参照）。さて、ここまでくると自然に存在する次元の数を使い果たしてしまった。ここから先は4乗、5乗、6乗という言い方に戻ろう。

べき乗に次ぐべき乗

　べき乗の計算がどれだけの力を持っているかを示す、インドの伝説がある。ヒンズー教の僧侶で、チェス（あるいはそれに似たゲーム）を考え出したラ

フール・セッサの話だ。王はそのゲームの出来ばえを見て非常に喜び、望む褒美をなんでも与えるといった。セッサの答えは控え目なものに思われた。「麦をチェスの最初のマス目で1粒、つぎのマス目でその2倍ずつください」。次のマス目では2粒、3番めでは4粒となる。チェス盤には64のマス目があり、王はその褒美があまりにわずかなのに大笑いした。さて、セッサの要求は麦の粒の数をべき乗で大きくしていくものだった。最初のマス目は2^0粒（つまり1粒）、次は2^1で2粒、3番めは2^2とつづいていく。これは最後のマスになったとき、2^{63}粒になっていることを意味する。2の63乗は18,446,744,073,709,551,615だ！　王に仕える会計係は、王国すべての物資でも足りないと言上した。この話の結末にはいくつかの種類がある。ひとつはセッサが宰相に出世したというもの。あるいは王に処刑されたというものもある。

数をかんたんにする

このチェス盤の話は、指数を使うと数がどれだけ巨大になるかをよく表している。また、18,446,744,073,709,551,615のような巨大な数を、2^{63}というかんたんで、ずっと使いやすい形で表せることも示している。

巨大な数を表す

紀元前2世紀に、中国の数学者たちは10のべき乗で大きな数を表しはじめた。100は10^2、1000は10^3、百万を1,000,000と書くより、1×10^6と書くほうがず

Column
10のべき乗

これらの接頭語は、巨大な数を表す単位の順に並んでいる。いくつかはなじみがあるだろう。1キロメートルは10^3もしくは1000メートルを表す。メガワットは10^6または百万ワットだ。ほかのものはもっと風変わりだ。

接頭語	記号	倍率	べき乗
ヨタ	Y	1,000,000,000,000,000,000,000,000	10^{24}
ゼタ	Z	1,000,000,000,000,000,000,000	10^{21}
エクサ	E	1,000,000,000,000,000,000	10^{18}
ペタ	P	1,000,000,000,000,000	10^{15}
テラ	T	1,000,000,000,000	10^{12}
ギガ	G	1,000,000,000	10^9
メガ	M	1,000,000	10^6
キロ	k	1,000	10^3
ヘクト	h	100	10^2
デカ	da	10	10^1
デシ	d	0.1	10^{-1}
センチ	c	0.01	10^{-2}
ミリ	m	0.001	10^{-3}
マイクロ	μ	0.000,001	10^{-6}
ナノ	n	0.000,000,001	10^{-9}
ピコ	p	0.000,000,000,001	10^{-12}
フェムト	f	0.000,000,000,000,001	10^{-15}
アト	a	0.000,000,000,000,000,001	10^{-18}
ゼプト	z	0.000,000,000,000,000,000,001	10^{-21}
ヨクト	y	0.000,000,000,000,000,000,000,001	10^{-24}

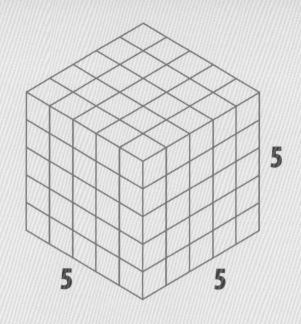

5本ずつの線の集まりで立方体5^3（あるいは125）個が集まった立方体をつくることができる。ここですべてが見える図は示せない。

っとかんたんだ。20億は$2×10^9$になる。このしくみは現在巨大な数を表すのに使われていて、書き出すには大きすぎて現実的にはほとんど不可能な数を示す非常に有用な方法だ。たとえば、1グラムの水素ガスに含まれる水素分子の数は$6.02214086×10^{23}$個だ。

$$5^3 = 125$$

指数法則

　10のべき乗のかけ算を計算するのはとてもかんたんだ。たとえば、10^2は$10×10$または$10^1×10^1$と表せる。逆に言うと、$10^1×10^1$は10^{1+1}と同じだ。この法則は底が同じ場合すべての指数について成り立つ。

ほかの例を試してみよう。$2^2×2^3 = 4×8 = 32$だが、指数の技を使うと$2^2×2^3 = 2^{2+3} = 2^5 = 32$となる。うまくいった！　これが指数法則だ。指数法則はふたつある。まず指数のついた数どうしをかけ算するときは指数を足せばよい。ふたつめは想像がつくだろう。指数のついた数どうしを割り算するときは、指数を引けばよい。たとえば、$3^3÷3^2 = 3^{3-2} = 3^1$だ。$27÷9 = 3$である。

砂の計算者

　多作で知られるギリシャの数学者アルキメデスは、『砂の計算者』という本を書いている。本の中で彼は、全宇宙に砂粒がいくつあるかを明らかにしようとした。彼の答えは10^{63}粒だ。計算の過程で、アルキメデスは初歩的な指数法則の証明をしている。

『砂の計算者』の中で、アルキメデスは大きな数に名前をつけるしくみを発展させ、$80×10^{15}$まで到達した。

$$x^2 x^3 = x^{(2+3)} = x^5$$

負の指数

　指数法則を見れば、なぜ指数が0でもよいのかがわかる。$2^1×2^0 = 2^{1+0} = 2^1 = 2$だから、$2^0 = 1$でなければ成り立たない。どんな数でも0乗は1だ。さらに考えを進めると、割り算ではどうなるだろうか。$2^0÷2^1 = 2^{0-1} = 2^{-1}$となる。負の指数は分数を示す方法だ。$2^{-1}$は1を2で割った数、あるいは1/2だ。負の指数は10のべき乗を扱うとき便利だ。十億分の1は$1×10^{-9}$

Column
指数の名前

1557年、ウェールズの数学者ロバート・レコードは『知恵の砥石』という本の中で、指数のしくみをつくった（下の図）。現代の方法と比べるとかなり独創的で、かなり複雑だ。レコード（等号「＝」を発明した人物でもある。107ページ参照）は、2乗をゼンジック、3乗をキュービック、それより大きな素数の指数をサーソリッドと名づけた。つまり、5乗は「第一のサーソリッド」、7乗は「第二のサーソリッド」、11乗が「第三」とつづく。素数でない指数の名前にはなおさら困惑させられる。6乗はゼンジキュービック、8乗はゼンジゼンジゼンジック、16乗はなんとゼンジゼンジゼンジゼンジークになる！　レコードは指数を書く速記法も編み出し、"z"がゼンジック、"&"がキュービックだ。つまり、2^{12} は速記法では "2zz&" これは $2^{2 \times 2 \times 3}$ の意味だ。

The seconde parte
And these are their formes.

In the firste figure you see . 2 . expressed in lengthe bredthe, and d epthe. And in the second forme, 3. is represented in all those . 3. dimensions. In the . 4. figure 4. is the roote, and is drawen agreeably to that forme.
Scholar. This is manifeste inough to sighte.
Master. Yet reason ought to waigh it more exactly, then sight can comprehende it. For as their triple multiplication doeth resemble the nature of founde bodies, so it might appeare more iuste expressyng of their figures, agreeably as founde bodies ought : in whiche euery parte can not appeare to sighte, sith diuerse of them loke inwardly. As by these, 3. laste figures you maie partely coniecture. Of whiche at this tyme and in this place, some men will thinke it an ouersighte to speake, and moche more ouersighte to write of them any thyng largely. Saue that we maie vse them for the apter explication of that triple multiplication,

of Coßike nombers.
ly, or a zenzizenzizenzike.
Signifieth a Cube of Cubes.
Expresseth a Square of Sursolides.
Betokeneth a thirde Sursolide.
Representeth a Square of Squared Cubes : or a Zenzizenzicubike.
Standeth for a fourthe Sursolide.
Is the signe of a square of seconde Sursolides.
Signifieth a Cube of Sursolides.
Betokeneth a Square of Squares, squaredly squared.
Is the firste Sursolide.
Expresseth a square of Cubike Cubes.
Is the sixte Sursolide.
Doeth represente a square of squared sursolides.
Standeth for a Cube of seconde Sursolides.
Is a square of thirde Sursolides.
Doeth betoken the seuenthe Sursolide.
Signifieth a square of squares, of squared Cubes.

And though I maie proceade infinitely in this sorte, yet I thinke it shall be a rare chaunce, that you shall nede this moche : and therfore this maie suffice. Notwithstandynge, I will anon tell you, how you

と表せる。ピコ秒は 1×10^{-12} 秒、これは1兆分の1だ。負の指数どうしのかけ算は、正の指数で割り算をするのと同じだ。$10^{-12} \times 10^{-12} = 10^{-24}$ となる。数がどんなに大きくても、またどんなに小さくても、指数を使えばかんたんに扱えるようになる。

参照：
複素数…86ページ
対数…98ページ
グーゴルプレックス…168ページ

フィボナッチ数列
The Fibonacci sequence

ち ょっと見なんということのない数の
列に思えるが、フィボナッチ数列は
パターンと図形と自然との驚異的なつながり
に満ちている。そのすべては**ウサギ**にまつわ
るなぞなぞからはじまった。

　フィボナッチ数列はピサのレオナルドにち
なんで名づけられた。このイタリアの数学者
は、13世紀にインド・アラビア数字をヨー
ロッパに紹介した（25ページ参照）。彼はフ
ィボナッチというあだ名のほうがよく知られ
ている。フィボナッチは「ボナッチの息子」
という意味である。彼の父親は地元で有名な
商人だった。

ウサギのなぞなぞ

　フィボナッチの数学での功績の多くは彼の
著書『算盤の書』にある。この書名は計算の
本という意味だ。この本は商人に向けた手引
書で、利益を計算し、いろいろな国で財務的

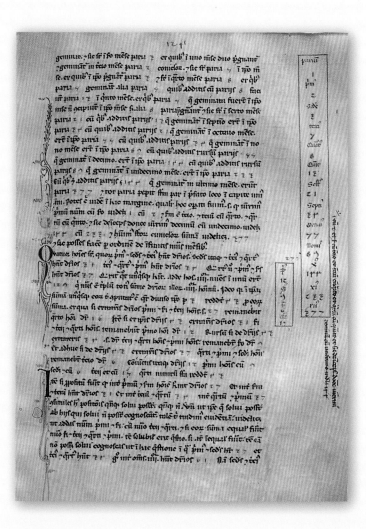

フィボナッチ数列は『算盤の書』
の余白に書かれていた（アラビ
ア数字で）。右にある数列を見
てみよう。数が並ぶ規則がわか
るだろうか？

な処理を行うのに役立った本だ。フィボナッチはこの本に、自分が興味をひかれた数学についても書いた。素数や無理数について議論している。さて、この本でもっとも有名なのはウサギのなぞなぞについての箇所だ。フィボナッチは数学を、一組のウサギがいかに大量に繁殖していくかを説明するのに使った。彼が使った理論はのちにフィボナッチ数列と呼ばれ、動物の繁殖よりはるかに多くの応用例が見つかっている。

数列とは？

　フィボナッチ数列自体について考える前に、数学における数列とはなにかを明らかにしよう。数列とはいくつかの数のリストで、新しい数をそこに加えるときは、直前の数でなにかの計算をした結果の数を加えていく。もっともかんたんな数列は自然数だ。1にはじまり、その数に1を足して次の数にする。2、3、4……。3の段を作るには、0から始めて3を足して次の数をつくる。3、6、9、12……。これらの例は等差数列と呼ばれる。隣り合うどの数の差も等しく、同じ数だけ増えていく数列だ。数列は幾何学的に並ぶこともある。次の数が規則に従って増えたり減ったりする数列だ。もっともかんたんな例は一定の数「公比」だけ倍になっていく数列だ。「公比」が2だとすると2、4、8、16、32……隣り合う数は2倍になっていて、ものすごい速さで巨大な数になっていく（76ページ参照）。とはいえ、増えていく数の比はいつも等しい。これを

（76ページ参照）

Column
階乗！

　フィボナッチ数列は無限だ。永遠につづき、それはこのページで示した単純な等差数列も等比数列も同じだ。新しい数をどこまでも加えていくことができる。一方、階乗は限られた個数の数だ。階乗は、その数自身とそれより小さな数（1まで）をかけた数で、記号「！」をつけて表す。5!＝5×4×3×2×1＝120だ。階乗はふつう非常に大きな数になる。20!は19桁で、100!は158桁だ。階乗は主に、ひとまとまりの数やなにかのものに、何通りの組み合わせや並べ替えの場合があるかを示すときに使う。たとえば5色の色つき棒があったとして、その並べ方は120通りある。20色なら2,432,902,008,176,640,000通りだ。

等比数列という。フィボナッチ数列は等差数列でも等比数列でもなく、より特別な数列だ。

ウサギは数学で野を耕す

　フィボナッチ数列は、ウサギの頭数の増加で表される。フィボナッチはウサギが繁殖していくのに規則を当てはめたが、これを実際の農場運営に生かしてはいけない。ウサギは実際にはそのようには増えないから

1, 1, 2, 3, 5, 8, 13, 21, 34, 55, 89, 144, 233, 377, 610, 987, 1597, 2584, 4181, 6765, 10946, 17711, 28657, 46368, 75025, 121393, 196418, 317811

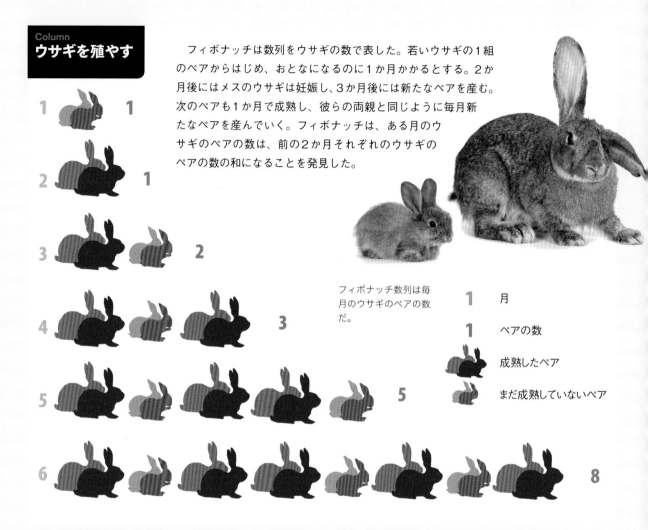

Column
ウサギを殖やす

フィボナッチは数列をウサギの数で表した。若いウサギの1組のペアからはじめ、おとなになるのに1か月かかるとする。2か月後にはメスのウサギは妊娠し、3か月後には新たなペアを産む。次のペアも1か月で成熟し、彼らの両親と同じように毎月新たなペアを産んでいく。フィボナッチは、ある月のウサギのペアの数は、前の2か月それぞれのウサギのペアの数の和になることを発見した。

1 1

2 1

3 2

フィボナッチ数列は毎月のウサギのペアの数だ。

4 3

1　月

1　ペアの数

成熟したペア

まだ成熟していないペア

5 5

6 8

だ。とはいえ、フィボナッチの示した例はこの興味深い数列を示す方法としては正しい。どういう例かは上に示すが、フィボナッチが考えた規則は以下のようなものだ。ウサギは必ず雌雄の組み合わせで生まれる。1匹はメス、1匹はオスだ。生まれたペアは1か月で繁殖可能になり、次のペアを生むまでもう1か月かかる。毎月新たなペアが生まれ、そのペアはまた次世代を同じように生んでいく。フィボナッチの問いは、

新たに生まれたペアを1組野に放ったら、最初の年の12か月でウサギは何匹に増えるか？　というものだ。

ペアを数える

1か月目から12か月目までを順に並べると、ペアの数は1、1、2、3、5、8、13、21、34、55、89、そして144になる。1年後のウサギのペアの数は144

$$F_n = F_{n-1} + F_{n-2}$$

組ということになる。24か月後には46,368組、36か月後あるいは3年後には14,930,352組だ。もしウサギがこのペースで増えるなら、相当な広さの農場が必要だろう。

フィボナッチ数

フィボナッチ数列に含まれる数をフィボナッチ数という（F_n）。数列は無限につづくが等差数列ではない。フィボナッチ数どうしの差はそれぞれちがう。また、フィボナッチ数列は等比数列でもない。フィボナッチ数どうしは等数倍でもないからだ。ではフィボナッチ数をどう計算すればよいのか？　数列の次の数は、常にその前ふたつの数の和になる。F_3は$F_1 + F_2$で、つまり$1 + 1 = 2$だ。F_4は$F_2 + F_3$で、$1 + 2 = 3$になるというように。公式は$F_n = F_{n-1} + F_{n-2}$となる。注意してほしいのは、数列の最初の数は1だということ。数学者の一部は、この数列を$F_0 = 0$からはじめる。ウサギが1匹もいない野原を思い浮かべればいい。次に1組のウサギを放つ（$F_1 = 1$）。次のF_2は$F_0 + F_1$だから、$0 + 1 = 1$だ。

パターンはくり返す

1の前に0を置くことで、フィボナッチ数列のあるパターンがわかる。まずピサノ周期を見てみよう。これはピサのレオナルドが発見したものだ。よく似た名前に思えるが、これはフィボナッチ自身の別名だ。彼はフィボナッチ数を一定の数で割った結果にパターン

を見出した。ほとんどの場合割り切れないのであまりが残る。たとえば、数列の最初の部分0、1、1、2、3、5、8、13を3で割ったあまりは、0、1、1、2、0、2、2、1という数列になる。0、1、2は3では割れないので、そのまま0、1、2が残ることになる。5を3で割ると2あまる、というふうにつづけていくと、0、1、2の環（剰余算術の項参照。142ページ）ができる。次の8つのフィボナッチ数21、34、55、89、144、233、377、610についてもつづけると、同じあまりのパタ

ピサのレオナルド、あるいはフィボナッチは彼の名前がついた数列を最初に発見した人間ではない。フィボナッチ数列は、すでに古代インドで詩を書くために使われていたのだ。

ーンが現れる。0、1、1、2、0、2、2、1だ。3のピサノ周期は8ということになる。8ごとにきまった環がくり返されているからだ。4で割ったときの周期は6、5のときは20、10のときは60だ（奇妙なことに、10で割ったときのあまりの環はフィボナッチ数の最後の1桁の数と同じになる）。すべての自然数につい

オウムガイの殻は成長すればするほど幅が広くなる。この成長はフィボナッチ数列に従っているとよくいわれるが、実際の成長率はそれよりかなり小さい。とはいえ、たいへん美しいことには変わりない。

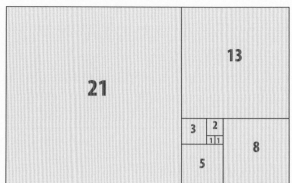

フィボナッチ数は黄金比長方形の中の正方形の長さに現れる（46ページ参照）。

てピサノ周期がある。一方で、ピサノ周期がいくつになるかを割る数から計算することはまだだれにもできていない。

別のパターン

フィボナッチ数どうしを割り算すると、また新たなパターンが生じる。小さい方のフィボナッチ数は、フィボナッチ数列の中のそれぞれの順番の数が割り切れる場合（その場合のみ）大きい方を割り切ることができる。どういうことかというと、4番目のフィボナッチ数F_4（3）は8番目のF_8（21）を割り切れる。F_{12}（144）、F_{16}（987）も同じだ。一方、その間にあるフィボナッチ数はどれも割り切ることができない！　フィボナッチ数の2乗を足すと、フィボナッチ数列の添字、あるいは順番の数と面白いつながりができる。フィボナッチ数列の最初の数を少しだけ2乗してみると、1、1、4、9、25、64となる。何組か足し算をしてみよう。4＋9＝13、

黄金比とのかかわり

フィボナッチ数は黄金比とも不思議なかかわりをもっている。黄金比長方形のなかの正方形の1辺の長さは、フィボナッチ数列に従っている（左参照）。それらは黄金渦ともかかわりをもつ（48ページ参照）。数列が進むにつれて、次の数との比は黄金比、ファイ（Φまたは1.618033…）に近づいていく。この表はフィボナッチ数をその前の項の数で割った答えだ。最初のわずかな数をすぎると、答えはほぼΦになる。Φそのものになることはないが、数列が進めば進むほど近づいていくのだ。

番号	項	隣り合うフィボナッチ数の比	Φとの差
1	1		
2	1	1.000000000000000	-0.618033988749895
3	2	2.000000000000000	+0.381966011250105
4	3	1.500000000000000	-0.118033988749895
5	5	1.666666666666667	+0.048632677916772
6	8	1.600000000000000	-0.018033988749895
7	13	1.625000000000000	+0.006966011250105
8	21	1.615384615384615	-0.002649373365279
9	34	1.619047619047619	+0.001013630297724
10	55	1.617647058823529	-0.000386929926365
11	89	1.618181818181818	+0.000147829431923
12	144	1.617977528089888	-0.000056460660007
13	233	1.618055555555556	+0.000021566805661
14	377	1.618025751072961	-0.000008237676933
15	610	1.618037135278515	+0.000003146528620
16	987	1.618032786885246	-0.000001201864649
17	1597	1.618034447821682	+0.000000459071787
18	2584	1.618033813400125	-0.000000175349770
19	4181	1.618034055727554	+0.000000066977659
20	6765	1.618033963166707	-0.000000025583188

それは$F_3{}^2 + F_4{}^2 = F_7$ということになる。数列の順番（7）が、足し算したそれぞれの数の順番の足し算になっていることもわかる（3＋4）。これらのパターンは、フィボナッチ数がもつたくさんの興味深い性質のほんの数例にすぎない。

参照：
黄金比…44 ページ
e…138 ページ

複素数
Complex numbers

$$i = \sqrt{-1}$$

虚数は1からでなくiからできている。iは-1の平方根だ。

数学はどんどん奇妙になっていくようだ。数はいつ数でなくなったのか？それは虚数が生まれたときだろう。そして虚数と実数を混ぜ合わせたとき、存在するすべての数を把握したことになる。いったいなにが起こっているのか？

つながる問題とは、平方数に基づくものだ（76ページのべき乗の項参照）。平方数はその数より小さな数を2回かけ合わせた数だ。小さい方から4（2×2）、9（3

　数学は実際、非常に創造的だ。人々は数学を、ただ規則に従うこと以外はなにもできないものだと思っている。一方、16世紀には、数学者は創造力の驚くべきふるまいにまつわる問題に答えようとした。数学の規則に従えば、その同じ規則にそぐわない答えが出てしまう。だから、「実」数だけでなく、彼らは「虚」数を生み出したのだ。虚数も実数と同じように数えることができるが、それらは1の集合ではない。最初は妙に思えるが、数学上のこの手法は驚異的に有用なことが証明されている。

平方数

　規則を壊すような、虚数の発明に

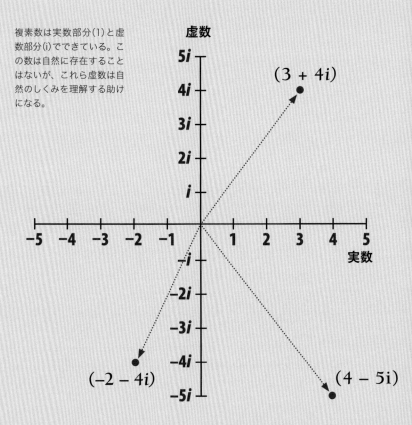

複素数は実数部分（1）と虚数部分（i）でできている。この数は自然に存在することはないが、これら虚数は自然のしくみを理解する助けになる。

虚数

5i

4i   (3 + 4i)

3i

2i

i

−5   −4   −3   −2   −1   1   2   3   4   5   実数

−i

−2i

−3i

−4i

−5i

(−2 − 4i)

(4 − 5i)

×3)、16（4×4）などだ。

平方根

4は「2の平方」ともいえる。2^2と表す。この関係をほかの言い方で表すと、平方数それぞれについて平方根、つまり2乗したらその数になる数がある。すると、4の平方根は2だ。これを$\sqrt{4}=2$と表す。$\sqrt{9}=3$だし、$\sqrt{16}=4$だ。多くの数学の要素、たとえばピタゴラスの定理（36ページ参照）や、円や曲線の理解（73ページ参照）などは、どの数が平方数で、数の平方根はなにかがわからなければ解くことができない。

負の数

紀元前8世紀の0の発見のころから、数学者はひとつの平方数がふたつの平方根をもつことを知っていた。ふたつのうちひとつは負の数、0より小さな数だ（33ページ参照）。負の数は正の数と同じように平方することができる。$(+2)×(+2) = +4$が完全に正しいように、$(-2)×(-2) = +4$も正しい。かけ算の規則のひとつは、記号が同じふたつの数（＋でも－でも）をかけると正の数の答えになるということだ。ふ

たつの正の数のかけ算は正の答えになり、ふたつの負の数のかけ算も正の数の答えになる。だれかから40ドル借りているとすると、相手は−40ドルもっているといえる。相手が自分から20ドルずつ取り立てると、−2×−20ドル＝40ドルが相手の手元に入ることになる。

Column
虚数の争い

ジェロラモ・カルダーノはイタリアの変人数学者で、1545年の著書『偉大なる術』で虚数を紹介したが、アイデアの多くを人から盗んでいたといわれている。

彼を主に訴えたのは同僚のイタリア人ニコロ・フォンタナで、カルダーノは秘密にすると約束した発見の数々を出版したと主張した。争いは何年もつづき、言い伝えによると、最後にはフォンタナの説得によってカルダーノの息子が父親を裏切り、ローマカトリック教会はカルダーノを異端審問にかけた。カルダーノの罪はイエス・キリストの占星図を不敬にも発表したというもので、彼は数か月収監された。

カルダーノは占星術を強く信じており、自らの死ぬ日を占った。彼はその占いの正しさを証明したが、それは1576年に予言の日が訪れたとき、自ら死を選んだからだ！

ジェロラモ・カルダーノ　　　ニコロ・フォンタナ

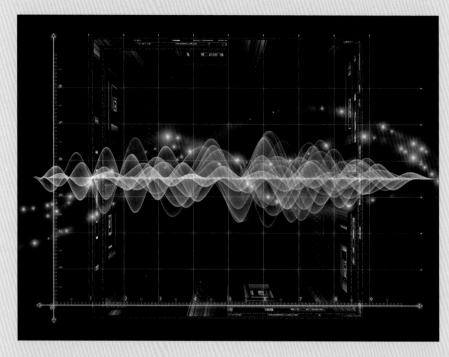

iを使った複素数は、自然音のような乱れた音波を、それぞれがわかりやすい単純な曲線に分けるのに使われる。

1で、$\sqrt{1}$も1だからだ。一方、$1 \times (-1) = -1$で、見てきたとおりこの数の平方根はない。少なくとも実数の中には。

規則に逆らって

16世紀、多くの数学者が、べき乗して3や4になる数を使った複雑な計算を解こうとしていた。この計算では平方根を使うので、数学者たちは場合によっては$\sqrt{-1}$を使わなければ答えが出ないことに気づいていた。しかしそれは不可能だと思われた。1545年、ジェロラモ・カルダーノというイタリア人がこの問題を創造的に解決する方法を発見した。彼は単に、数を想像しようとしたのだ！

平方根をもたない数

$\sqrt{4}$は+2でも-2でもありうる。一方、正の数と負の数を一緒にすると負の数になる（またお金の例を使うと、誰かが2×20ドルを貸してくれたら、相手にとっては$(-2) \times 20$ドルということになり、また結局は-40ドルになってしまう！）。さて、-4は平方数ではない。というのは、+2と-2という異なる数をかけてできた数だからだ。したがって、これまでの規則通りなら、-4の平方根というものはありえない。$\sqrt{-4}$は存在しないのだ。

1を平方する

いままでのところ、1については無視してきた。1は平方数だが、とても特別な数だ。なぜなら$1 \times 1 =$

和解

カルダーノは単純に、$\sqrt{-1}$と等しくなるような新しい数をつくろうと考えた。彼はこの数を架空の数だと説明したが、のちにその数は虚数と呼ばれるようになった。虚数の単位はiで、実数における1と同じようにあつかう。決定的に違うのは、$1^2 = 1$だが$i^2 = -1$になることだ。「虚」という言葉が常にふさわしいわけではない。虚数については、1ではなくiを基準とし

四元数

ドイツの数学者カール・フリードリヒ・ガウスは、複素数の分野に多くの業績を残した（複素数という名前もガウスのアイデアだ）。1831年、ガウスは複素数を「影の中の影」と呼んだ。それは彼が、iをなによりもただの単純な想像上の単位だと考えていたからだ。1843年、ウィリアム・ローワン・ハミルトンは複素数が四元数の一種であることを示した。四元数は四つめの次元を増やし、1とiに加えて単位jとkを使う。これは非常に複雑な考え方だが、数直線上の数を考えるかわりに、まず平面を埋める数として考え、次に3Dで考え、次に数の「場」をつくる四つ目の次元をつくったのだ。ハミルトンはこの考えを、ダブリンを散歩中に思いつき、忘れてしまうかもしれないと考えて、なんと石の橋に公式を刻みつけたという。

x	1	i	j	k
1	1	i	j	k
i	i	−1	k	j
j	j	k	−1	i
k	k	j	i	−1

四元数のかけ算表。

Here as he walked by
on the 16th of October 1843
Sir William Rowan Hamilton
in a flash of genius discovered
the fundamental formula for
quaternion multiplication
$i^2 = j^2 = k^2 = ijk = -1$
& cut it on a stone of this bridge

ウィリアム・ローワン・ハミルトンが四元数の発見を刻みつけた場所には、今は銘板がつけられている。

た新たな数直線上の数だと理解するのがよい。一方、
同じ働きをする場面もある。実数の4が4×1である
ように、虚数4iは4×iなのだ。

驚異的なフラクタル図形は、細
部を見れば見るほど、同じ模様
が何度も繰り返されているのが
わかる。この図形は複素数を用
いてつくられている。

どんどん複雑に

虚数単独では実数とそんなに変わらない。2i + 3i = 5iだ。一方、カルダーノの同僚であったラファエル・ボンベリは、虚数と実数を組み合わせて複素数をつくることを考えた。

直線でなく平面で

複素数は実数部分と虚数部分をもち、たとえば(1+i)あるいは（7-2i）のように書く。複素数は数直線ではなくある種の平面、複素数平面を埋める。実数と虚数の部分はそれぞれ座標のようにはたらく。86ページの図を見てみよう。足し算と引き算はかんたんで、実数部分と虚数部分を別々に計算すればよい。（1+i） + （7-2i） = （8-i） かけ算、割り算はもう少し奇妙だ。i^2 = -1、i^3 = 1、そしてi/i = 1になる。

現実世界は虚数でできている

複素数は数学の新たな分野を理解する道具だが、同時に現実のもの、たとえば波や、回転したり上下したりする物の複雑な動きを説明するのにも役立つ。

参照：
ゼロ…30 ページ
べき乗…76 ページ
数学記号…104 ページ

やってみよう！

複素数の足し算はむずかしそうにみえるが、規則はふつうの計算と同じだ。具体的に下で見てみよう。

足し算と引き算は、実数部分と虚数部分をそれぞれ足すか引けばいい。

$$(2 + 2i) \times (1 + i)$$
$$= (2 + 1) + (2i + i) = (3 + 3i)$$

$$(6 + i) + (4 - 2i)$$
$$= (6 + 4) + (i + -2i) = (10 - i)$$

かけ算（と割り算）は、複素数のすべての部分を他の部分とかけ合わせればいい。

$$(2 + i) \times (3 + i) =$$
$$= (2 \times 3) + (2 \times i) + (i \times 3) + (i \times i)$$
$$= (6 + 2i + 3i + i^2)$$

式を整理しよう。i^2 = -1 だ。

$$= (6 + 5i + i^2) = (6 + 5i - 1)$$
$$= (5 + 5i)$$

小数
Decimal fractions

小 数は毎日の生活に欠かせない数だ。アメリカの商品の値札には、ドルが整数で、セントが小数第2位までの小数で記されている。整数のあいだに数があることを表すことができる小数は、本当に便利だ。

小数は日常生活のあらゆるところに顔を出す。0.5は半分と等しいこと、0.25は4分の1と等しいこと、0.1は10分の1、0.01は100分の1に等しいことを覚えておくときっと役に立つはずだ。

単純であること

整数でない数の表し方は他にもある。常分数(vulger fraction)をご存知だろうか（26ページ参照）。vulgerという単語には、「下品な」「がさつな」といった意味もある。しかし、分数はとても上品なもので、この場合のvulgerは「単純な」という意味だ。常分数は全体をきまった個数の部分に分けたもので、分子と分母が整数であるような分数のことだ。たとえば、常分数を使えば、全体を2つに、あるいは3つに、4つに、5つに分けた数を表すことができる。4つに分けたものと5つに分けたものを足したり、3つに分けたものに2つに分けたものをかけたりする計算はやや面倒だ。計算

世界経済は、スクリーン上で変化しつづける株価の小数で表される。

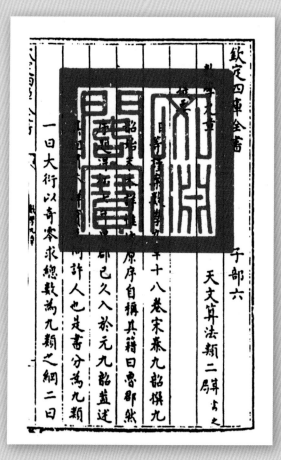

初期の小数は中国の本『九章算術』(1247年)に登場している。

法を使った分数ということになる。このような小数を十進小数というが、十進小数は400年ほど前から使われるようになった。オランダの数学者シモン・ステヴィンの功績によるものだ。一方、十進小数のアイデアはもっと古くからあった。正確にどれくらい古くからかはだれにもわからないが、古代中国やギリシャ、そしてアラブの数学者たちがさまざまなやり方でこの方

Column
陸上ヨット

陸上ヨットレースは、現在のベルギーやオランダの海岸地帯、海沿いの干拓地や埋立地で行われた。

多くの言語で、古代ギリシャ由来の単語が数学用語として使われている。しかし、シモン・ステヴィンはオランダ語の単語を数学に持ちこんだ。オランダ語で「数学」を意味する"wiskunde"は「疑う余地がなく正しいとわかる」という意味だ。ステヴィンは単なる数学の革新者ではなかった。1600年ごろ、彼は陸上ヨットを発明したという。彼の発明は、王子オラニエ公マウリッツの客人を楽しませるためにつくられた。オラニエ公マウリッツは海沿いの平坦な干拓地域、フランドルの支配者だった。

を進めるとき、しばしば分母を同じ数にそろえなければならない（27ページコラム参照）。小数にはこの問題はないが、別の問題が生じることがある（96ページコラム参照）。

十進法を使う

わたしたちが学校で習う小数は英語ではdecimal fractionという。decimalは「十進法の」という意味で、fractionは「少量」「破片」という意味だ。つまり、小数とは10のn乗の数を分母にもつ分数のことなのだ。別の言い方をすると、100や1000といった十進

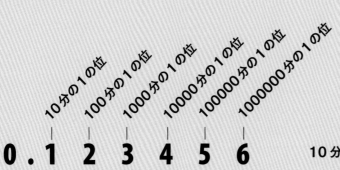

10分の1の位
100分の1の位
1000分の1の位
10000分の1の位
100000分の1の位
1000000分の1の位

0.123456

小数は位取りの方式を使って、数の大きさを表す。

ンソワ・ヴィエトが10を基準にしたしくみを提案した。小数なら π や Φ などの実際の値をもっとかんたんに書き表せるとヴィエトは考えたのだった。

10分の1の技術

今日使われている小数はシモン・ステヴィンの1585年の著書『十進法』（原題は「十進法を使う技術」

法を発展させてきたのだ。どのやり方であれ、100や1000など10のn乗を分母とする分数として表せる十進小数は、複雑な調査を進めるための力強い道具だった。今日、小数は経済や科学データから値札や教室で習う算数まで、さまざまな立場の人に使われている。

六十進法をやめる

奇妙なことに、ふつうの人が小数に慣れ親しむはるか前から、似たようなしくみが知られていた。六十進小数だ。その歴史は古代バビロニアの人たちまでさかのぼる。彼らは十進法でなく六十進法を使っていた。バビロニア人はものを10個に分割せず、60個に分割していた。60個の部分に分割するという考え方は、古代バビロニア文明が滅んでからもずいぶん後まで生き残っていた。「分」で表される小さな一部分（分＝英語のminuteはラテン語で「小さい」という意味）は、再度60分割すると「秒」になる。分や秒という言葉を見ると別のものが思い起こされるだろう（くわしくは18ページ参照）。16世紀には、全体を60分割したり、12の倍数など60でかんたんに割れる数が一般的に使われた。一方、1579年、フランスの数学者フラ

ベルギーのブルージュにあるシモン・ステヴィンの像。現地で彼は、数学より工学の功績で知られている。

Column
十進法

近代の十進法が発達するためには、シモン・ステヴィンが1585年に紹介してから100年以上かかった。右の表はその間に提案された小数の記数法のあれこれだ。彼らはみんな、数のどこからが小数部分なのか、その場所から数が10分の1、100分の1、1000分の1と10のべき乗で小さくなっていくことを表す方法を探していた。丸かっこ、コロン、下付きの数や上付きの数などいろいろな方法が試されたのち、1691年からドット「.」が使われはじめた。これがいまでいう小数点だ。その点の左側は10のべき乗を表し、右側は10のべき乗で小さくなっていく小数を表す。ヨーロッパの一部では、小数点はコンマ「,」が使われたが、しくみは同じだった。

作者	時期	記数法
シモン・ステヴィン以前		$37\,^{245}/_{1000}$
シモン・ステヴィン	1585	37(0)2(1)4(2)5(3)
フランソワ・ビエト	1600	$37|245$
ヨハネス・ケプラー	1616	37(245
ジョン・ネイピア	1617	$37:2^{\mathrm{I}}\,4^{\mathrm{II}}\,5^{\mathrm{III}}$
ヘンリー・ブリッグス	1624	$37\,\underline{245}$
ウィリアム・オートレッド	1631	$37|\underline{245}$
リチャード・バーラム	1653	37:245
ジャック・オザナム	1691	(1) (2) (3) 37·2 4 5
現代		37.245

という意味）からはじまった。ステヴィンの小数は、通常の十進法とは逆方向に桁を上げていくことで表される。彼は0を丸で囲み、右につづく数が小数であることを示した。その右に5、丸で囲った1を記すと、それは5×10^{-1}、または10分の5を表す。その右に4と丸で囲った2をつづけて記すと、4×10^{-2}、または100分の4を表す。さらに小数は1000分の2、10000分の9とつづけることができる。ステヴィンのしくみは現代のものと比べて煩雑に見えるが、整数の表し方

184.5429

今日の小数と、シモン・ステヴィンが1585年の著書『十進法』で示した方式による小数。

184⓪5①4②2③9④

THIENDE.   13
HET ANDER DEEL
DER THIENDE VANDE
WERCKINCHE.

I. VOORSTEL VANDE
VERGADERINGHE.

Wesende ghegeven Thiendetalen te ver-gaderen: hare Somme te vinden.

T'GHEGHEVEN. Het sijn drie oirdens van Thiendetalen, welcker eerste 27 ⓪ 8 ① 4 ② 7 ③ , de tweede, 37. ⓪ 6 ① 7 ② 5 ③ , de derde, 875 ⓪ 7 ① 8 ② 2 ③ , T'BEGHEERDE. Wy moeten haer Somme vinden . WERCKING. Men sal de ghegheven ghe-talen in oirden stellen als hier neven, die vergaderen-de naer de ghemeene manie-re der vergaderinghe van heelegetalen aldus:

⓪	①	②	③
2 7	8	4	7
3 7	6	7	5
8 7 5	7	8	2
9 4 1	3	0	4

Comt in Somme (door het 1. probleme onser

と同じ位取りの方式を小数に使った点で、大きな一歩
となった。

右に向かって

　わたしたちは整数の書き方に慣れている。0から9
までの数が、いちばん右から1の位、10の位、100の位、
1000の位と左に進んでいく。1より小さく、0より大
きい数を示すのが小数だが、この場合、1の位の右に
数を並べていく。ステヴィンは整数と小数の区切りを
示すのに丸で囲った0をおいた。1690年代までには、
この区切りは単純な点、あるいは小数点に変わった（前
のページのコラム参照）。小数点が使われた最初の記
録は、フランス人のジャック・オザナムによる数学事

ジャック・オザナムの本にあ
る、十進法を使って直線を線
分に分ける項の挿絵。

典だ。小数点の右にある最初の数字が10分の1の位
を示し、2番めが100分の1、3番めが1000分の1と
つづく。その後も桁を数えるのが面倒になるくらい、
いくらでもつづけることができる。

小数はかんたん

　半分は0.5と小数で表せる。0.5の0は数全体の中

に整数部分がないことを表し、小数点のうしろの5は10分の1が5あることを表す。分数でいえば5/10だ。これは1/2に約分できる。同じように、1と4分の1は1.25で、1は整数部分を表し、小数点のうしろは10分の1が2と、100分の1が5あることを表す。つまり、1＋2/10＋5/100だ。足して約分すると1＋25/100、または1＋1/4だ。同じ数を分数と小数でどう表すかがわかっていると役に立つ。0.75は3/4だし、0.2は1/5、0.125は1/8だ。一方、小数を分数に書きかえる必要はあまりない。小数は形が統一されていて、そのまま計算に使えるからだ。1/4の2倍は0.25×2＝0.5となる（答えの小数の最後に0をつけなくてもよいことを覚えておこう）。

重要な数

3分の1などの分数は、すっきりと10のn乗を分母とする分数に書きかえることはできない。小数のしくみはあまりうまく使えないことになる。1/3は、0.3のあとに無限に3がつづく小数で表される。すべて書き出すのは不可能だ。このような小数を循環小数という。とはいえ、小数を使ってこれらの数のかなり近似した値を表すことはできる。数を付け足していけば、どんどん真の値に近づいていくのだ。0.333は0.33より正確だし、0.3333よりは不正確だ。小数点以下6桁あれば、真の値と数百分の1ほどのずれですむ。

参照：
べき乗…76 ページ
計測と単位…122 ページ

やってみよう！

小数についてすべてわかったところで、小数と分数をどう互いに書きかえるかを見ていこう。

$$\frac{5}{10} = 0.5$$

$$2\frac{3}{4} = 2 + \frac{75}{100} = 2.75$$

$$3\frac{1}{8} = 3 + \frac{125}{1000} = 3.125$$

$$10\frac{1}{100} = 10.01$$

$$4\frac{2}{5} = 4 + \frac{4}{10} = 4.4$$

今度は小数を分数に：

$$3.5 = 3\frac{5}{10}$$

$$87.75 = 87\frac{75}{100} = 87\frac{3}{4}$$

$$0.375 = \frac{375}{1000} = \frac{3}{8}$$

$$3.2 = 3\frac{2}{10} = 3\frac{1}{5}$$

$$4.3 = 4\frac{333\ldots}{100\ldots} = 4\frac{1}{3}$$

対数
Logarithms

対 数（logarithms）は、複雑なかけ算を単純な
足し算に変換する方法だ。登場して以来、日
常のいろいろな場面で使われるようになった。略語は
「log」だ。

　対数は、べき乗や指数の表し方を裏返すようにかえ
る数学上の手段だ。ラフール・セッサと彼にだまされ
た王が示すように（76ページ参照）、指数がどんどん
増えていくと数はものすごい速さで大きくなる。

スコットランドの貴族だったネイ
ピアは、対数を1614年に発明した。

指数的増加

　指数をもった数の増加のようすは、指数的増加とい
う言葉で表される。10のべき乗を考えてみるとわか
りやすい。なぜかというと、みなさんが見慣れた十進
法の数の表し方そのものだからだ。1の位（10^0）、10
の位（10^1）、100の位（10^2）、1000の位（10^3）とい
う具合だ。100（10^2）は10（10^1）の10倍で、1000（10^3）

は100倍。その後もいくらでもつづけることができる。
各段階で10倍ずつ大きくなっていくが、100万倍ま
で5段階、1兆倍まで11段階しかない。数が各段階で
等倍されていくと、段階が上がれば上がるほど数の差
は大きくなり、着実に無限へと駆け上っていく。これ
は等比数列の一種だ（76ページ参照）。指数的増加と
は別の方向の、つまり各段階ごとに同じ割合で減って
いく数列もある。その場合、値はどんどん小さくなっ

値	1	2	4	8	16	32	64
$\log_2$	0	1	2	3	4	5	6

値	1	10	100	1000	10000	100000	1000000
$\log_{10}$	0	1	2	3	4	5	6

表は2と10をそれぞれ底とす
る対数を示している。それぞれ
の数の対数の値は、底をその数
にするための指数を表す。

地震の
エネルギー

地震は地球上で起こる最も力強い現象のひとつだ。地面を引き裂くほどの地震のエネルギー量は、リヒタースケール（マグニチュード）で表される。マグニチュード1の地震は、30秒に1度起こっているが、ほとんど感じられない。一方、マグニチュード8以上の地震は1年に1回起こるかどうかだ。リヒタースケールはどれだけ地面が上下に揺らされたかを基準にしている。リヒタースケールには対数が使われている。マグニチュード9のときのエネルギーはマグニチュード1の単に8倍ではなく、なんと1億倍（10^8）倍の強さだ！

※日本の気象庁のマグニチュードとは異なる。

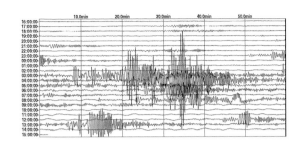

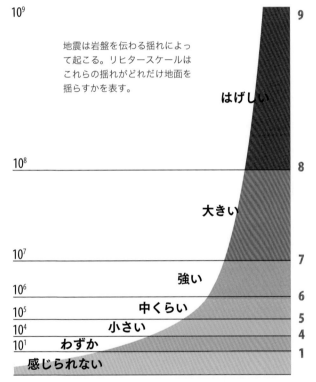

地震は岩盤を伝わる揺れによって起こる。リヒタースケールはこれらの揺れがどれだけ地面を揺らすかを表す。

10^9	**9**
	はげしい
10^8	**8**
	大きい
10^7	**7**
10^6	強い **6**
10^5	中くらい **5**
10^4	小さい **4**
10^1	わずか **1**
感じられない	

強い地震が地表に到達すると、固い物質も砕いてしまう。

て0に近づくが、0になることはない。

対数の力

指数的に変化していく数を扱うのはむずかしい。こ

れをかんたんにするために生み出されたのが対数だ。対数のポイントは、値の指数の方だけ計算して、値そのものを計算しないところにある。たとえば、対数を使えば1兆（10^{12}）を12で表せる。これは扱いやすい！

下：ジョン・ネイピアの対数にかんする本『素晴らしい対数表の使い方』の扉ページ。

理性と数

　対数についてくわしく見る前に、対数の起源を紹介しよう。対数の発明者として知られているのはスコットランドの数学者ジョン・ネイピアだ。1614年、ネイピアは『Mirifici Logarithmorum Canonis Descriptio』という本を出版した。このラテン語の題名を翻訳すると『素晴らしい対数表の使い方』となる。ネイピアは謙

上：ネイピアの骨。ジョン・ネイピアが発明した、長い計算をするための単純な計算機（114ページ参照）。

虚だったとは言えそうにないが、対数についてはいくら自慢してもいいだろう。彼は対数に、理性を意味するlogosと、数を意味するarithmosを足した名（logarithms）をつけた。

10のべき乗を使う

　その数年後、ネイピアの対数はイギリス人の同僚ヘンリー・ブリッグスによって改良された。ブリッグスは、わたしたちが数を数えるのに使っているなじみのある10のべき乗に注目した。10を底とした対数は、現在では常用対数として知られ、$\log_{10}$のように書かれる。$\log_{10}$における100は2だ。式であらわすと、$\log_{10}(100) = 2$。同じように、$\log_{10}(1000) = 3$、$\log_{10}(10000) = 4$だ。この方法で大きな数を表す

ジョン・ネイピアはかなり威圧的な外見をしていて、非常に背が高く、いつも魔術師のような黒いゆったりした服を着ていた。エジンバラの城から出るときは、彼は常に黒い雄鶏を連れていた。そのため人々は彼を魔術師だと思っていた。その神秘的な評判どおり、彼はペットの雄鶏を犯罪の解決に使ったという。ネイピアは従僕のひとりを盗みの容疑者とみなすと、従僕全員を施錠した部屋の外に集めた。部屋の中には、ネイピアによれば「犯人を見分ける魔法の」雄鶏がいる。従僕たちはひとりずつ部屋に送りこまれ、中にいる雄鶏を捕えて、離してから部屋を出るよう言われる。実はネイピアは雄鶏をすすで汚しておいた。雄鶏を触った従僕の手が汚れるようにしたのだ。罪を犯した者は、罪がばれるのを恐れて雄鶏を触らなかった。そして犯人は、そのきれいな手によって罪を露呈したのだ。

黒い雄鶏は、ネイピアのような天才が手にすれば強力なツールになる。

と、かけ算を足し算にかえて計算できる。100×1000×10000は特にむずかしい計算ではないが、常用対数を使うともっとかんたんになる。それぞれの数のlogを足せばいいのだ。2＋3＋4＝9で、この9は1,000,000,000または10億を常用対数で表したものだ。つまり、指数を足しているわけで、指数計算の規則と同じである（78ページ参照）。

対数表

上の例では、指数が整数になる10のべき乗だけを使っていた。では、単純なべき乗でないとき、logの値はどうなるのだろうか。たとえば、$\log_{10}(5)$は？その答えは0.69897だ。言いかえると、$10^{0.69897}=5$ということになる。一方、$\log_{10}(500)=2.69897$

である。分解してみると、$\log_{10}(500)=\log_{10}(5)+\log_{10}(100)$、つまり0.69897＋2だ。ほとんどの数の常用対数を計算するのはもっとむずかしい。このため、ブリッグズは（ネイピアの助言のもと）1000までのすべての数についての常用対数を表にして、1617年に発表した。それぞれの値は小数点以下14桁まで算出されている。たいした仕事だ！　1628年までに、ブリッグズとその仲間は100,000までの数についての常用対数表を出版している。

対数の計算

対数表を使う目的は、大きな数のかけ算をかんたんにすることだ。123×654はどうなるか？　対数表によると、この計算は2.08991...＋4.90548...＝

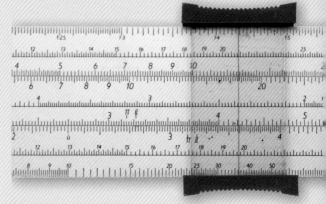

下：どちらのグラフも同じ値の
変化を示している。上のグラフ
は数値の急激な増加にしたがっ
て上にカーブしている。下の対
数をとったグラフはまっすぐな
直線状の増加を示している。

右：この計算尺は対数を使った旧
式の計算機だ。計算尺はアイザッ
ク・ニュートン、アルバート・ア
インシュタイン、NASAの科学者
たち、そして安価なコンピュータ
ーがつくられるまでは学校の子ど
もたちも使っていた。

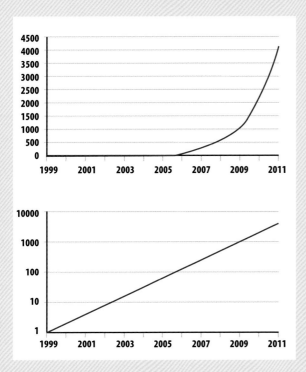

アム・オートレッドが1620年代初頭につくったもの
だ。

ほかの底

ネイピアがもともと考案した対数では底は10では
なかった。そのかわり、現在ではeと呼ばれている複
雑な数を使っていた（eについては138ページ参照）。
それはともかく、対数はどんな底でも表せる。底と
はなにかについては130ページでよりくわしく見て
いくが、すでにわたしたちは10を底として、つまり、
0から9の数を使って数を表している。底が2であれ
ば0と1、底が5であれば0から4までを使う。対数
は底になにをとるかによって変化する。つまり2 =
$\log_{10}(100)$だが、底が2であれば2 = $\log_2(4)$となる。
10^2は100だが、2^2は4だからだ。興味深いことに、
すべての底について、その平方根の対数をとると0.5
になる。たとえば、4の平方根は2で（87ページ参照）、
したがって$\log_4(2) = 0.5$になる。

対数を使う

対数は数学以外の分野でも役に立っている。自然

4.90548...となる。対数表によれば、4.90548...は
$\log_{10}(80442)$の値だ。電卓で確認することもできる。
電卓のおかげで対数計算は不要になったが、1980年
代までは、この計算法が計算尺を使ってすべての教室
で教えられていた。対数表で、ふたつの数のかけ算が
対数表上のふたつの値の足し算になるように、計算尺
では対数の目盛りをそれぞれの数に合わせて、計算尺
上で読み取った長さを足すことでかけ算ができる。こ
の種の最初の道具は、対数の目盛りを一方から一方へ
ずらすタイプのものだが、イギリス人の数学者ウィリ

界で測定された値を扱いやすくできるのだ。pH（化学で酸化度数を測る単位）から地震の強さ（99ページのコラム参照）、音の大きさを測るデシベルも対数に基づいている。これらの現象を測ると、実際の値ではとてつもない差が出てしまう。一方の値が他方の10億倍や1兆倍にもなりうるのだ。こんなとき対数が役に立つ。たとえば、pHは、液体中の水素イオン濃度によって液体の酸性度を測る単位だ。最強の酸はpH0で、ものすごい数のイオンがあることになる。pH1はその10分の1だ。pHの値は、実際に測られた量の差の対数をとったものだ。$\log_{10}(10) = 1$となる。酸の逆は塩基（英語では底と同じbase）だ。酸と塩基を混ぜると激烈な反応が起こる！ 最強のアルカリは最強の酸の0.00000000000001倍のイオンしかなく、単純に表すとpH14だ。対数のおかげで、化学者は酸性の度合いをよりかんたんに示すことができる。

参照：
べき乗…76 ページ
二進法とほかの底…130 ページ
e…138 ページ

ふつうに話す声の大きさは60デシベル。メガホンを使うと100デシベルほどにできる。この単位は対数を使っていて、つまりメガホンの音は元の声の10000倍の大きさなのだ。

やってみよう！

人によっては対数をむずかしいと感じる。下の例で対数の性質を見てみよう。

$1{,}000 = 10^3$　したがって
$\log_{10}(1{,}000) = 3$

$1{,}000{,}000 = 10^6$　したがって
$\log_{10}(1{,}000{,}000) = 6$

$4 = 2^2$　したがって　$\log_2(4) = 2$

$1 = 10_0$　したがって　$\log_{10}(1) = 0$

あるいは、下のようにもいえる。

$2 = \log_{10}(100)$　よって
$100 = 10^2$

$3 = \log_2(8)$　よって　$8 = 2^3$

$0.5 = \log_9(3)$　よって　$9^{0.5} = 3$

数学記号
Mathematical symbols

数 学記号は数学の世界でもっとも単純なもので、とても重要なものだ。**数学記号が計算に使えなければどうなるか想像もつかないくらいだ。しかし、意外なことだが、数学の歴史の中で、数学記号が登場したのはそれほど昔とは言えない。**

数学の専門家たちは、数学における最高の発見に美しさを感じるという。彼らは、数式がいくつかの単純な記号で表されることを好む。たとえばオイラーの公式は、立体がいくつの頂点（角）、辺、面をもつかを次のような式で表す：$V - E + F = 2$。ピタゴラスの定理もそうだ。$a^2 + b^2 = h^2$という式は、単純だが、多くのことを語ってくれる。人気が高いほかの例は、$e^{\pi i} + 1 = 0$で、オイラーの等式として知られている。この等式は複素数の性質を表している。これらの数式が美しい理由の、少なくとも一部は、数学記号を使ってどう書き表すかにかかっている。

単語を使う

すでに、数を表すのに数字をどう使うかについては見てきた（16ページの記数法の項参照）。しかし数学

の黎明期、計算式はどのように表されていたのだろうか？　古代の数学者たちは、計算に使う数を文章の中

ヨハネス・ウィッドマンの1489年の著書の1ページ。＋とーの記号を紹介している。

マイナス／負	プラス／正	この数をかける	この数で割る	等しい

5つの単純な記号さえあれば、数学への旅をはじめることができる。

Column
点で表す

ドット記号は、数字の間に打たれる点だ。多くの人が、かけ算を示す×の記号のかわりに使っている。ドット記号はピリオドや小数点に似て見えるが、それらより高い位置に書く。

$$2 \cdot 3 = 6 = 2 \times 3$$

の普通の単語のように使っていた。たとえば「4に5をかけると20になる」のように。

直線を使う

古代ギリシャの数学者たちは、数を決まった長さの線分で表した。たとえば割り算は短い直線が長い方に何本分入るかで表した。彼らは問題を解くために図形も使っていた。よい例は、アルキメデスがπの値を計算するとき多角形を使ったことだ（72ページ参照）。数学者たちはまた、計算の方法を略号で表すこともあ

等号がはじめて印刷されたのは、ロバート・レコードの1557年の著書『知恵の砥石』だ。

The Arte

as their workes doe extende) to distincte it onely into twoo partes. Whereof the firste is, *when one number is equalle vnto one other.* And the seconde is, *when one nomber is compared as equalle vnto. 2. other nombers.*

Alwaies willyng you to remeber, that you reduce your nombers, to their leaste denominations, and smalleste formes, before you procede any farther.

And again, if your *equation* be soche, that the greateste denomination *Coßike*, be ioined to any parte of a compounde nomber, you shall tourne it so, that the nomber of the greateste signe alone, maie stande as equalle to the reste.

And this is all that neadeth to be taughte, concernyng this wooke.

Howbeit, for easie alteratiõ of *equations.* I will propounde a fewe erãples, bicause the extraction of their rootes, maie the more aptly bee wroughte. And to auoide the tediouse repetition of these woozdes: is equalle to: I will sette as I doe often in wooke vse, a paire of paralleles, or Gemowe lines of one lengthe, thus:=====, bicause noe. 2. thynges, can be moare equalle. And now marke these nombers.

ウィリアム・オートレッドは
1631年にかけ算記号を発明し
たことで知られる。

った。たとえば、エジプトの学者たちは足し算を示す
ために、数字の間に2本の脚を描いた。

記号の時代

　最初の＋記号が使われた記録は、1360年のフラン
ス人ニコル・オレームにさかのぼる。＋記号はラテン
語のet（終わり）を速記したところから生まれたとい
われる。−記号が印刷物に最初に現れたのは、それか
ら一世紀以上たった1489年、ドイツ人のヨハネス・

記号表

一般的な数学記号を、その意味と使い方とともにまとめた。

+	加算記号	足し算	$1+1=2$
−	減算記号	引き算	$2-1=1$
×	乗算記号	かけ算	$2×3=6$
÷	除算記号／オベルス	割り算	$6÷2=3$
a^b	べき乗	指数	$2^3=8$
$\sqrt{a}$	平方根	$\sqrt{a}\cdot\sqrt{a}=a$	$\sqrt{9}=±3$
$\sqrt[3]{a}$	立方根	$\sqrt[3]{a}\cdot\sqrt[3]{a}\cdot\sqrt[3]{a}=a$	$\sqrt[3]{8}=2$
=	等号	等しい	$5=2+3$
≠	等号否定	等しくない	$5≠4$
>	不等号	より大きい	$5>4$
<	不等号	より小さい	$4<5$
≥	等号付き不等号	より大きいか等しい	$5≥4$
≤	等号付き不等号	より小さいか等しい	$4≤5$
( )	丸かっこ	かっこの中を先に計算する	$2×(3+5)=16$
.	ピリオド	小数点、小数との区切り	$2.56=2+56/100$
%	パーセント	$1\%=1/100$	$10\%×30=3$
ppm	100万分の1	$1ppm=1/1000000$	$10ppm×30=0.0003$
ppb	10億分の1	$1bbm=1/1000000000$	$10ppb×30=3×10^{-7}$

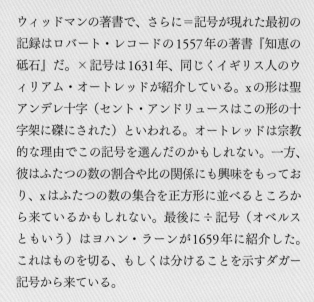

Column
オベルス

オベルスは割り算の記号だが、ギリシャ語の「とがった柱」あるいは「枝」という単語から来ている。これは短剣もしくは矢の記号になり、本を書き写す僧たちが使いはじめた。彼らはまちがっていると思われる記述を見つけたとき、オベルスの印をつけた。のちに短剣の記号は÷になり、数学で使われるようになった。

ウィッドマンの著書で、さらに＝記号が現れた最初の記録はロバート・レコードの1557年の著書『知恵の砥石』だ。×記号は1631年、同じくイギリス人のウィリアム・オートレッドが紹介している。xの形は聖アンデレ十字（セント・アンドリュースはこの形の十字架に磔にされた）といわれる。オートレッドは宗教的な理由でこの記号を選んだのかもしれない。一方、彼はふたつの数の割合や比の関係にも興味をもっており、xはふたつの数の集合を正方形に並べるところから来ているかもしれない。最後に÷記号（オベルスともいう）はヨハン・ラーンが1659年に紹介した。これはものを切る、もしくは分けることを示すダガー記号から来ている。

参照：
計測と単位…122ページ

やってみよう！

BODMAS は Brackets（かっこ）、Order（べき乗）、Division（割り算）と Multiplication（かけ算）、Addition（足し算）と Subtraction（引き算）の頭文字をとった略語で、計算式をどの順番で計算したらよいかを覚えるものだ。

A) $5 + (3 \times 4)$

かっこが先、次に足し算。

$$= 5 + 12 = 17$$

B) $(1 + 4)^2 - 3$

かっこが先、次にべき乗、その次が引き算。

$$= 5^2 - 3 = 25 - 3 = 22$$

C) $2^3 \div 4$

べき乗が先、次が割り算。

$$= 8 \div 4 = 2$$

D) $8^2 \div 4^2 + (7 - 6)$

かっこが先、次がべき乗、割り算をして、最後が足し算。

$$= 8^2 \div 4^2 + 1$$
$$= 64 \div 16 + 1$$
$$= 4 + 1$$
$$= 5$$

ベクトルと行列
Vectors and matrices

マトリックスあるいはベクターといえば、映画でよく見るかっこいい単語だ（一方はかっこよく、一方はそうでもないかもしれないが）。この単語はどちらも数学の用語だ。マトリックスは単純に数の入ったマス目を表すが、これは絵を描くことから検索エンジンまで多くの使い道がある。

マトリックスとベクターという単語にはいくつかの意味がある。ベクターは伝染病を仲介する動物を意味する。たとえば蚊はマラリアのベクターだ。マトリックスは水晶のような複雑な物質の構造を意味する。一方、数学では、この単語はどちらもきまった方法で並んだ数の集まり「行列」を意味する。

数を生む母

行列（マトリックス／matrix）はmatricesの単数形だが、ラテン語で繭または子宮を意味する、mater（母）という単語から来たものだ。数学のマトリックスは、元の要素より個数の少ない要素からなる小さなマトリックス、つまり「子」を生み出すからだ。

要素を並べる

行列という名前をつけたのは、イギリスの数学者ジェームス・ジョセフ・シルベスターだ。それは1850年代のことだったが、行列の考え方はもっと昔から存在していた。もっとも早い行列の記録は、2200年以上前の中国の数学書『九章算術』にある。1545年には、

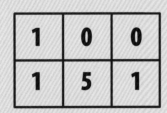
2×3の行列

行列は先にタテの数、次にヨコの数を示す。

3×2の行列

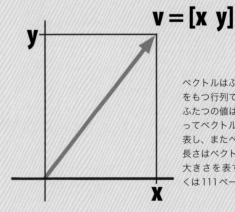
v = [x y]

ベクトルはふたつの値をもつ行列で表される。ふたつの値は一体となってベクトルの方向を表し、またベクトルの長さはベクトルの値の大きさを表す（くわしくは111ページ参照）。

Column
行列の
計算

行列はふつうの数と同じように計算ができる。下のような方法だ。ただし、行（ヨコ）と列（タテ）の数の個数が同じ行列どうししか足し算も引き算もできない。かけ算の場合は、最初の行列の列の数の個数が、次の行列の行の数の個数と同じでなければならない。

$$\begin{bmatrix} 0 & 1 & 3 \\ 9 & 8 & 7 \end{bmatrix} + \begin{bmatrix} 6 & 5 & 4 \\ 2 & 4 & 5 \end{bmatrix} = \begin{bmatrix} 0+6 & 1+5 & 3+4 \\ 9+2 & 8+4 & 7+5 \end{bmatrix} = \begin{bmatrix} 6 & 6 & 7 \\ 11 & 12 & 12 \end{bmatrix}$$

$$AB = \begin{bmatrix} a & b & c \\ p & q & r \\ u & v & w \end{bmatrix}\begin{bmatrix} x \\ y \\ z \end{bmatrix} = \begin{bmatrix} ax + by + cz \\ px + qy + rz \\ ux + vy + wz \end{bmatrix}$$

行列の足し算とかけ算の例。後者では、後ろの行列の列が、前の行列の行のそれぞれの数にかけ合わされ、足されている。ほかの例は113ページを見てみよう。

虚数の発明者ジェロラモ・カルダーノが行列の考え方を、むずかしい方程式を解く方法の一部として紹介した。カルダーノは連立方程式といわれる問題に取り組んでいた。共通の未知数を要素としてもつ、ふたつかそれ以上の式だ。彼は式の中の未知数をマス目に組んで、行列をつくったのだ。

すべてをいっしょに

連立方程式とは以下のようなものだ。

$$x + 5y = 29$$
$$2x + y = 13$$

xとyは変数で、xとyの値がいくらかを求めるのが

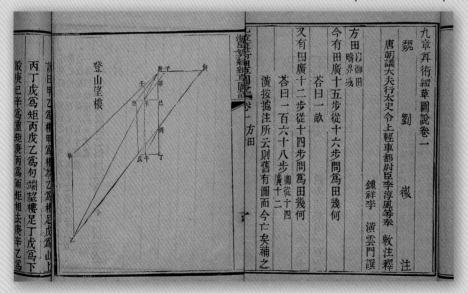

『九章算術』より。現在行列として知られるものの最初の例が載っている。

連立方程式の目的だ。ほかの数を係数という。この連立方程式はとてもかんたんだ（x＝4、y＝5となる）。カルダーノはすでにこの問題をとてもかんたんに解く方法を知っていた。一方で彼は、より多くの変数と方程式をもつ複雑な連立方程式をどうやって解くかに興味をもっていた。方程式とは等号をもつ式のことである。

HIERONYMI CAR
DANI, PRÆSTANTISSIMI MATHE
MATICI, PHILOSOPHI, AC MEDICI,
ARTIS MAGNÆ,
SIVE DE REGVLIS ALGEBRAICIS,
Lib. unus. Qui & totius operis de Arithmetica, quod
OPVS PERFECTVM
inscripsit, est in ordine Decimus.

Habes in hoc libro, studiose Lector, Regulas Algebraicas (Itali, de la Cossa uocant) nouis adinuentionibus, ac demonstrationibus ab Authore ita locupletatas, ut pro pauculis antea uulgo tritis, iam septuaginta euaserint. Neç solum, ubi unus numerus alteri, aut duo uni, uerum etiam, ubi duo duobus, aut tres uni æquales fuerint, nodum explicant.   Hunc aût librum ideo seorsim edere placuit, ut hoc abstrusissimo, & plane inexhausto totius Arithmeticæ thesauro in lucem eruto, & quasi in theatro quodam omnibus ad spectandum exposito, Lectores incitarentur, ut reliquos Operis Perfecti libros, qui per Tomos edentur, tanto auidius amplectantur, ac minore fastidio perdiscant.

ジェロラモ・カルダーノの著書『偉大なる術』は、近代数学に行列をもたらした。

<column>

速さと速度

速さと速度はよく混同される。下の写真の車はおそらく同じくらいの速さで走っている。仮に時速88kmとしよう。しかしそれぞれの車の速度はちがう。速さはスカラーで、単に量を表すのに対して、速度はベクトルであり、方向の要素を含む。この場合、直線の道路を走っている車は、曲がった道路を走る車とは別の方向に進んでいるため、速さは同じとしても速度は異なることになる。
</column>

よりかんたんなマス目

カルダーノは、すべての係数を行列に置くことで、かんたんに問題を解こうとした。109ページであげた連立方程式の例を使ってみるとこうなる。

$$\begin{bmatrix} 1 & 5 \\ 2 & 1 \end{bmatrix} \begin{bmatrix} x \\ y \end{bmatrix} = \begin{bmatrix} 29 \\ 13 \end{bmatrix}$$

最初の式では、xの前に係数がない。この場合、係数は1とみなす。こうして係数からなる行列をつくると、複数の要素でできた集合を、まるで1つの数として扱うことができる。カルダーノとそのほかの人々は、行列を使って、xとyの値を求める方法を示した。この方法では、どんな係数や変数の値でも使えるし、ここで示した例よりもっとずっと複雑な問題にも使える。

ベクトルの値

要素をタテ一列かヨコ一行に並べた行列はベクトルと呼ばれる（並べる数は3以上でも、好きなだけ増やせる）。ベクトルという単語は「なにかを運ぶもの」を意味するが、数学でいうベクトルは、ものが空間の中をどれくらい移動するかを表すものだ。ベクトルは幾何学や、図形を扱う数学、そして複素数を視覚化するときにも使う。19世紀、数学者たちはベクトルを表すのに行列を導入し、カルダーノが発明した行列の計算方法を応用していた。

大きさと向き

ベクトルを使うには、まずスカラーが必要だ。スカラーとは、大きさだけをもつ値のことで、建物の高さや車の速さなど、数で表すことができる。ベクトルはこのスカラーに向きを与える。すると建物は地面からの高さ、そして地下の深さをもつことになり、また車の場合は、車が決まった向きに進む速度を測れることになる。ベクトルがもつふたつの数はこれらの方向を表す。ベクトルが表すのは動きだけではないが、最初に理解するにはよい例だ。1×2の行ベクトル（1行2

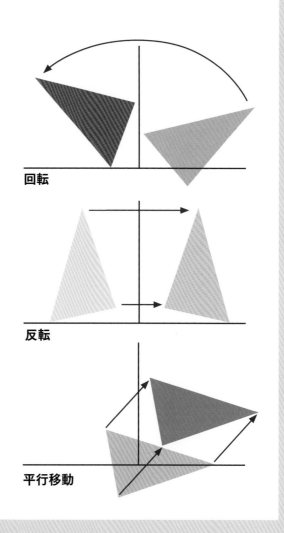

回転

反転

平行移動

列の行列で表されるベクトル）の場合、ひとつめの数は右か左にどれくらい動いたかを表し、ふたつめの数は上か下にどれくらい動いたかを表す。たとえば、下のベクトルは右に3、上に4動いたことを表す。

$$\begin{bmatrix} 3 & 4 \end{bmatrix}$$

左もしくは下への移動は負の数で表す。このふたつ

の数が、三角形の底辺とそれに直交する辺を表していると考えてみよう。ピタゴラスの定理から、斜辺の長さを求めることができる。その長さは5だ（36ページ参照）。この5がベクトルの大きさを示す。

Column
ピクセル化

パソコンからプリントアウトした画像や、画面に表示した画像は、多くの点、すなわちピクセルでできている。それぞれのピクセルには色がついていて、ただの白や黒の場合もあるが、何千もの色の種類がある。画像はマトリックスで表され、タテとヨコに並んでいるピクセルの中身は数だ。それぞれの数が特定の色を表している。画像は数によって着色されているのだ。

2	2	2	2	2	2	2	2	2	5
2	3	3	3	3	3	3	3	2	5
2	3	1	3	3	3	1	3	2	5
2	3	1	3	3	3	1	3	2	5
2	3	3	3	3	3	3	3	2	5
2	3	3	2	2	2	3	3	2	5
2	3	3	4	2	4	3	3	2	5
2	2	4	4	4	4	4	3	2	5
2	2	4	4	4	4	4	2	2	5
5	3	2	2	2	2	2	3	3	5

1 黒
2 茶
3 オレンジ
4 ピンク
5 青

このページをコピーしてマス目を色で塗り、絵を完成してみよう。

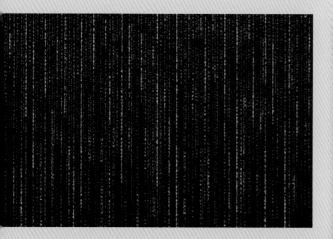

映画「マトリックス」はコンピューターの中の世界を想像して描いたものだ。

現実と仮想の世界

ベクトルは現実の物体にはたらく力を説明するのにも使える。それぞれの力を大きさと方向に分解すると、力どうしの足し算ができ、ひとつのベクトルにまとめることができるので、その物体が実際にどう動くのかがわかる。現実世界のベクトルには、3次元を表す三つの数が必要だ。さらに数学者たちは前に進んで、4、5、あるいはそれ以上に高い次元を探索するのにも同じしくみを使った。この高次元のしくみでもっとも成功した例のひとつは、Googleの検索エンジンだ。それぞれのウェブページについて、多くの数を含む行列をあてはめた。それぞれの数がページを、内容に応じて一定の方向に「引っ張る」わけだ。検索に使われるキーワードも行列を構成し、ふたつの単語が同時に使われると、ページと検索キーワードの単語がどれだけ一致しているかが数で表される。

やってみよう！

ベクトルのかけ算を順を追ってやってみよう。最初の行列の列数は、次の行列の行数と同じでなければならない。ヨコ並びの数をタテの数とそれぞれかけ合わせて、答えをすべて足すのだ。

$$\begin{bmatrix} 1 & 9 & 10 \\ 4 & 8 & 6 \end{bmatrix} \times \begin{bmatrix} 2 & 7 \\ 3 & 7 \\ 5 & 5 \end{bmatrix} =$$

$$\begin{bmatrix} 1\times2+9\times3+10\times5 & 1\times7+9\times7+10\times5 \\ 4\times2+8\times3+6\times5 & 4\times7+8\times7+6\times5 \end{bmatrix} =$$

$$\begin{bmatrix} 2+27+50 & 7+63+50 \\ 8+24+30 & 28+56+30 \end{bmatrix} = \begin{bmatrix} 79 & 120 \\ 62 & 114 \end{bmatrix}$$

参照：
ピタゴラスと数…36 ページ
合同算術…142 ページ

計算機
Calculators

現在では、計算機のボタンに少しタッチするだけで、悪夢のように入り組んだ計算にも答えを出すことができる。正確な演算方法がわかるだけでなく、計算機はすべての計算を行ってくれるのだ。計算機には長い歴史があるが、あるフランスの10代の少年が、父親の仕事を助けようとしたところから話をはじめよう。

コンピューターはいつ発明されたのか？ ゼンマイじかけを使った初期のものはあったが（これについてはのちほど見ていく）、現代のわたしたちの生活の隅々に広がっているのは、電気を用いた計算機だ。これ

は1940年代に登場した。一方、コンピューター自体はそれよりずっと古くからあった。「コンピューター」という単語は1613年から使われていて、これは電気どころか、ゼンマイじかけの計算機の製造が計画されていたころだ。ただし、最初のコンピューターは人間だった。コンピューターの仕事とされている複雑な計算は、手書きとそろばんを使って行われるのが一般的だった。

パスカリーヌ

1640年代にはブレーズ・パスカルが、若い頃、父

パスカリーヌは6桁までの数を扱うことができた。それぞれの桁は金属のダイヤルを回して入力する。

パスカルの三角形

ブレーズ・パスカルは、パスカルの三角形と呼ばれる数のパターンでも知られる。どの数も真上の数の和になっている（上に数がなければゼロとする）。パスカルはこの三角形を複素方程式を解くために使ったが、三角形はすべての数のパターンを網羅している。斜めの2本目の列は自然数だし、3列目は三角数だ（上から4行の数から）。どの行の数の和も1、2、4、8、16と2のべき乗の数になる。

パスカルがこの三角形をはじめて発明したわけではない。紀元前200年にはもうインドにあった。

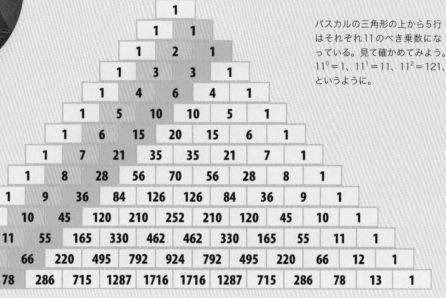

パスカルの三角形の上から5行はそれぞれ11のべき乗数になっている。見て確かめてみよう。$11^0=1$、$11^1=11$、$11^2=121$、というように。

親の仕事を手伝うため、フランス北部のプロヴァンスにある税務署でコンピューターを使っていた。彼は10代の若さで、必要なすべての計算を迅速に行える機械の設計をはじめた。その結果は、のちにパスカリーヌと呼ばれる機械計算機だった。最初のものは1642年につくられ、その後パスカルは1645年の完成までに50種類もの試作機をつくった。なんと23歳までにだ！　最終的にはさらに20以上のパスカリーヌがつくられ、そのうち9点が現存している。税務署員、会計士、そして学生たちが計算機と簿記用紙を使いはじめたのはここからで、最初のレジ計算機も同じしくみを元にしてつくられた。

ユーザーインターフェース

パスカリーヌは足し算と引き算に対応していた。かけ算は足し算を何回もくり返すことによって実行した。数は、上についている金属のダイヤルを回して機

この写真のような計算卓は、中世ヨーロッパでもっとも普及した計算機のひとつだ。下のように、商人が価格を計算するのに使われた。

械に入力された。入力された数は、数字が書かれたダイヤルと、同じ歯数の歯車につながっていた。選ばれた数は機械の上の小さな窓に表示され、それぞれが位置によって1の位、10の位、100の位などの数を表していた。最初の数を原始的な「メモリ」に一度入力すると、ほかの数を足すには上の金属のダイヤルを回せばいい。計算の答えは上の窓に出る。スイッチで計算をかけ算にかえられる。くり上がり計算のときは、ゼンマイじかけが自動でやってくれる。パスカルはすべての機械で、0から9までの数を使う十進法を使ったわけではない。彼のいくつかの計算機は六進法、十二進法、二十進法を使っている。十進法を使わない古いフランスの通貨や、長さや面積を測る古い単位系の計算をするにはその方が便利だったからだ。

より新しいモデル

多くの数学者や技術者たちが、パスカリーヌの改良に取り組んだ。1671年には、ゴットフリート・ライプニッツ（くわしくは130ページ参照）が、1回の操作でかけ算の計算ができる計算機をつくった。一方、これら古い計算機はすべて壊れやすい上に、非常に高価だった。一握りの専門家でなくても使える、丈夫で安価な計算機ができるまでには、産業革命による多くの革新的な生産技術の向上が必要だった。最初に広く使われた計算機はアリスモメートルで、1820年フランスで発明された。

古いしくみ

アリスモメートルができるまで、計算技術者や数学者たちは伝統的な計算方法を使うしかなかった。そろばんや計算台にはいろいろな種類があったが、形は違うものの使い方はほぼ同じだった。その中でもそろばんはもっとも古く、またもっとも長く使われた技術のひとつで、メソポタミア（現在のイラクとシリア）で発明された。少なくとも4000年前だ。そろばんの近

代的なデザインは、軸の上を珠が上下するものだ（21ページ参照）。ほかのタイプは、珠が地面にただ置かれているもの、あるいは台がマス目に区切られているものだ。そろばんか計算台で足し算と引き算をするのは比較的かんたんで、少しの練習で大きな値も扱うことができる。熟練した使い手はかけ算や割り算もできて、平方根を計算することもできる。そろばんは現在でも使われているが、電子計算機に値を打ち込んで計算するのと比べても、一流のそろばんの使い手は最速で答えを出すことができる。

新たな世界のつながり

オルメク、マヤ、アステカなど古代中央アメリカの人々は、独自のそろばんをもっていた。名前は「ネポフアルチンチン」（nepohualtzintzin）で、賢い計数機という意味だ。二十進法を使っていて、乾いたトウモロコシの粒をひもや細い枝に通したものだった。この道具はのちにアステカのコンピューターと呼ばれるようになり、初期アメリカ文明（オルメカ）には、およそ3500年前にこれらのアイデアをアメリカ大陸にもたらした中国からの移民がいたと考える人もいる。

新たなアイデア

パスカルとライプニッツは、今日では彼らがつくったコンピューター以外のもので有名になった。パスカルは空気圧の現象を調べ、

Column
最初のプログラマー

レディ・エイダ・キングは、ラブレス伯爵夫人で、エイダ・ラブレスとしてよく知られている。彼女は、イギリスの詩人にして冒険家バイロン卿の娘で、非凡な人物として知られた。エイダの母親は彼女に科学と数学を教え、エイダが父親の轍を踏まないよう気をつけた。計画はうまくいき、エイダは世界初のコンピューター・プログラマーになった。1840年代に、彼女は1世紀以上先進的な機械計算機をプログラムするしくみを考案した。

1979年、アメリカで軍事コンピューター言語がラブレスを記念してエイダと名づけられた。

空気に重さがあることを示した。彼は世界で最初に確率にかんする数学理論を、同郷のピエール・ド・フェルマーとともに発展させた。一方のライプニッツは、常に変化しつづける現象を扱う数学的方法である微積分の発明者のひとりだ。機械計算機が、今日わたしたちが知るコンピューターへと発展するには、ほかにも革新者が必要だった。それはイギリスの数学者、チャールズ・バベッジだ。彼は人類史上もっとも複雑な機械を設計した。

プログラムできる機械

コンピューターは強力な計算機として誕生したが、現代のコンピューターは単なる賢い計算機をはるかに超えるものだ。一方、コンピューターはすべてアルゴリズムか、数学的な命令が連なるリストに従ってあらゆる処理を実行する。こうしたリストがプログラムで

階差機関は25000個以上の部品をもち、16桁の数を計算することができた。

IBMの誕生

1880年、アメリカの国勢調査局は、政府に問題を報告した。すべてのデータを処理するには10年近くかかり、次の1890年の国勢調査ではもっと時間がかかるだろうと。そこでアメリカ政府は、ハーマン・ホレリス博士のタビュレーターを購入した。これは電動の計算機で、パンチカードでプログラムができるものだった。ホレリスの機械を使うと、10年かかるはずの作業がたった6週間で完了した！　ホレリスのつくった会社は、何年ものちにIBMとして知られるようになった。

タビュレーターは大きな電池で動いていた（右側）。国勢調査のデータはパンチカードに打ちこまれ、レバーを引くと、結果が打ちこまれた新しいカードが出てくるしくみだ。

ある。コンピューターがプログラムを扱う方法は数学に基づいている（情報理論の項参照。172ページ）。ともあれ、最初のプログラム可能なデバイスは、数学的な機械ではなかった。それは1800年代にフランス人のジョゼフ・ジャカールによって発明された機械だ。自動織機は当時すでに発明されていて、人間より速く織ることはできたが、ちがう色の糸を織り合わせるパターンを記憶することはできなかった。ジャカールは織りのパターンを、カードに穴をあける形で記号化する方式を発展させ、機械に読みとらせた（このパンチカードは1950年代まで、コンピューターにプログラミングする方法として使われた）。ジャカールの織機は実際にはコンピューターではないが、チャールズ・バベッジに「プログラムできる計算機」をつくるきっかけを与えたのはたしかだ。

階差機関

1822年、バベッジは初期の機械計算機をつくった。彼が階差機関と呼ぶ、より挑戦的な機械のしくみを試すためのものだ。数学的なデータの表を計算する、たくさんの時計じかけの歯車をもつ機械だった。一方、バベッジは彼の機械をつくるためのすべての精巧な部品を手に入れることはできなかった（彼の構想した完全な階差機関は、1992年にロンドン科学博物館で完成した）。

解析機関

階差機関は手動だった。計算をするには、使用者が機械の横のハンドルを回して、クランクを回した。

1840年代には、バベッジはより複雑な、解析機関と呼ばれる機械を構想した。こちらはなんと蒸気機関で動くものだった。解析機関はまた別の数学的機械で、事実上最初のコンピューターだと考えられている。なぜなら解析機関はプログラム可能で、メモリももっていたからだ。またもやバベッジはこの機械をつくる部品のすべてを手に入れることはできず、現在は実演デモのための試作機が残っているだけだ。解析機関は実際につくられることはなかったものの、幾人かの人々はバベッジの発明に秘められた力に気づいていた。そのうちのひとりはイギリスの詩人バイロン卿の娘エイダ・ラブレスだった。1840年代に彼女は、解析機関を開発中のバベッジとともに仕事をはじめた。バベッ

初期の近代的な計算機は手動だった。

Column
人間コンピューター

歴史上、恐るべき暗算能力をもつ人物の話がいくつか見られる。サヴァンと呼ばれる人々だ。有名なサヴァンにジェダイディア・バックストンがいる。18世紀イギリスの人物で、文字の読み書きはできず、知識も非常に限られていた。数学を学んだこともなかったが、見たものを表すのに数を使っていた。彼は領主の土地の広さを歩くだけで計測し、平方インチの単位で答えを出したという。次に彼はその土地を髪の毛1本分の長さ（3センチの48分の1）に分割した。バックストンは何百桁もの数を扱うことができ、その助けとなる新たな数も発明した。1トライブ＝100万の2乗（10^{18}）、1クランプはトライブのトライブ倍の1000倍だ。

ジが機械の設計とそのための資金集めに奔走していたとき、エイダは解析機関のもつ可能性のすべてを見通していたようだ。おそらくバベッジ自身よりも早くにである。彼女はバベッジの機械やそれに類するものを、ベルヌーイ数の算出に使うアルゴリズムを考案した。ベルヌーイ数は数学で非常に重要な役割を果たす数だが、探り出すには気が遠くなるほど複雑なものだ。バベッジの機械は完成することがなかったので、エイダのアルゴリズムも使われることはなかった。一方、彼女の方法は、メモに書かれていた記号から「G」と呼ばれ、世界で最初のコンピュータープログラムとされている。この短いテキストは、彼女が亡くなって100年以上たって発見され、1953年に刊行された。

チューリングが、数学の諸問題を解く想像上の機械を考案していた。この「チューリング・マシン」はアルゴリズム、もしくは機械になにをすべきかを教える数学的な一連の過程によって操作されていた。機械はア

今日では、計算機はすべてのコンピューター、タブレット、スマートフォンにアプリとして入っている。

真のコンピューター

　1950年代までには、コンピューター革命が本格化した。その20年前には、イギリスの数学者アラン・

ルゴリズムの一部を読み取り、その部分が示す作業を行う。これはデジタルコンピューターにかんする世界で最初の記述だったが、この機械をつくるのは不可能だった。無限メモリが必要だったからだ。一方、1940年代には、アメリカの数学者ジョン・フォン・ノイマンが、チューリング・マシンのように動く電気的スイッチのしくみを開発した。こうして最初のデジタルコンピューターが生まれた。

初期のコンピューターを元にした計算機はわずかなメモリしかもたず、結果を紙に出力していた。

参照：
二進法とほかの底…
130 ページ
情報理論…172 ページ

計測と単位
Measurements and units

計 測とは、ものの特徴を数に置きかえる作業だ。置きかえたあとは数学の出番になる。計測すると、ものやできごとを比較できるようになる。まずやらなければならないのは単位の統一だ。

日々の生活は疑問の連続だ。店までの距離は？　ハイキングにどれくらい水をもっていこう？　この小包の重さは？　答えを出すのは簡単だ。距離、体積、重さをはかるだけでいい。そうすれば疑問の答えとなる数がわかる。店は半マイル向こうだから、歩いてすぐだ。ボトルには1リットルの液体が入る。これで十分だ。小包は2ストーンだから、郵便で送ると料金がかなりかかりそうだ。さて、ここで何かに気づくだろう。わからない単位がないだろうか？　1マイルとは？　1リットルってどれくらい？　1ストーンの重さは？

単位のしくみ

計測しても共通の単位系がなければ意味がない。今日世界で使われている単位系はふたつある。アメリカの単位系は何百年も前のローマ時代由来のもので、メートル法はアメリカ以外のほぼ全世界で使われてい

フランスの人々に新しいメートル法を紹介するパンフレット。19世紀初期のもの。

国際単位系

近代の単位系は7つの基本単位に基づいている（右）。これらは国際単位系（SI）として知られ、SIはフランス語で国際システム（Systeme Internationale）の略だ。ほかの単位はすべてこれら7つの単位によって定義される。たとえば1インチは0.0254メートルだ。下は科学で使われるほかの一般的な単位で、この単位も基本単位の組み合わせでできている。

はかるもの	単位	記号
重さ	キログラム	kg
長さ	メートル	m
温度	ケルビン	K
時間	秒	s
分子量	モル	mol
電流	アンペア	A
明るさ	カンデラ	cd

名前	記号	量		どのSI単位系からできているか
ニュートン	N	力、重さ		$kg \cdot m \cdot s^{-2}$
パスカル	Pa	圧力、応力	N/m^2	$kg \cdot m^{-1} \cdot s^{-2}$
ジュール	J	エネルギー、仕事量、熱	$N \cdot m$	$kg \cdot m^2 \cdot s^{-2}$
ワット	W	電力	J/s	$kg \cdot m^2 \cdot s^{-3}$
クーロン	C	電荷または電気量		$s \cdot A$
ボルト	V	電圧（電位差）、起電力	W/A	$kg \cdot m^2 \cdot s^{-3} \cdot A^{-1}$
オーム	Ω	電気抵抗	V/A	$kg \cdot m^2 \cdot s^{-3} \cdot A^{-2}$
ヘンリー	H	誘電係数	Wb/A	$kg \cdot m^2 \cdot s^{-2} \cdot A^{-2}$

る。メートル法はヨーロッパ（主にフランス）で17〜18世紀につくられたものだ。

定番になる

それぞれの単位系が長さ、重さ、かさの単位をもっていて、すべて非常に厳密に定義されているので、ある単位をほかの単位とかんたんに比べることができる。現代の単位は最新の技術で標準化されているが、では文明初期の人々はどうしていたのだろうか。

体の部位を使う

計測はものの大きさや度合いを比べるときに使う。前史時代の人々は、おそらく枝や骨などの道具を、彼あるいは彼女の手の幅ではかっていたと思われる。つづいて彼らは、その枝を動物の体長や木の幹の太さをはかるのに使っただろう。完璧なやり方に見える。ただし、だれかほかの人が手を使ってものの長さをはかり、別の値を出してしまうまでの話である。明らかになっている中で最初期の単位系は古代エジプト、古代メソポタミア、古代インダス（現在の北インドとパキスタン）で使われたもので、手、指、腕、足などの体

スタディオン

古代ギリシャでは長さの単位としてスタディオンを使っていた。陸上競技場のトラックの長さだ。1スタディオンは600ギリシャフィートにあたる。

インチ

イングランドとウェールズで標準化され、大麦の粒三つ分の長さにあたる。

ヤード

イングランドのヘンリー1世が、ヤードを自らの腕の長さであると布告したといわれる。

マイル

ローマのマイルは5000ローマフィート、もしくは兵士が2歩分を1000回で移動できる距離にあたる。

の部位に基づいていた。一方、支配者たちは基準とな
る単位を定め、そのおかげで畑の広さはずっと正確で
公正にはかられるようになった。

キュビット

　最も有名な例はエジプトのキュビットだ。これは中
指の先から肘までの距離に基づいている。手のひらの
幅の7倍にあたり、手のひらの幅は指4本の幅と等し
い。つまり、1キュビットは指の幅28本分だ。実際
の指や手、腕はおおざっぱな計測に使われてきたが、
ファラオに仕える役人たちはキュビットの基準になる
杖を石や木材から切り出し、現在の支配者の腕の長さ
に合わせた。これがキュビットの正確な長さだ。

フィートとインチ

　何世紀ものち、古代ギリシャとローマではエジプト

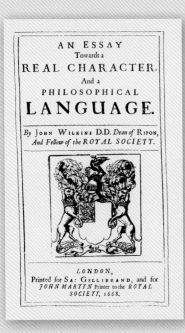

ジョン・ウィルキンスの著書『真性の文字と哲学的言語にむけての私論』には、単位系は十進法を使うべきだという示唆の最初の例がおさめられている。

Column
単位換算

　下のようなかんたんな計算でひとつの単位から別の単位に換算することができる。

長さ	かける数	換算先
ミリメートル	0.04	インチ
センチメートル	0.39	インチ
メートル	3.28	フィート
メートル	1.09	ヤード
キロメートル	0.62	マイル
インチ	25.4	ミリメートル
インチ	2.54	センチメートル
フィート	0.31	メートル
ハード	0.91	メートル
マイル	1.61	キロメートル

かさと重さ	かける数	換算先
グラム	0.035	オンス
キログラム	2.20	ポンド
トン（1000kg）	1.10	ショートトン
オンス	28.35	グラム
ポンド	0.45	キログラム
ショートトン（2000ポンド）	0.91	メートル法のトン

人が定めたキュビットを使っていたが、フットという
より細かい長さの単位を使うようになった。これは手
のひらの幅4つ分もしくは指の幅16本分だ。ローマ
人はフットを12等分した。これはウンシアと呼ばれ
る（28ページの分数の項参照）。この単語が英語のイ
ンチのもとになった。フィート、インチ、のちのマイ

ル（124ページ参照）はローマ人によってヨーロッパ中に広がった。これらの単位はローマが滅びたあとも残ったが、人々は多くの異なった基準でこの単位を使いはじめた。ひとつの国で同時にいくつかの基準があることも珍しくなかった。したがって計測結果をほかと比べるのは不可能だった。たとえば、ヨーロッパから北アメリカへの移住者たちは、イギリス（ブリテン）の単位系を使っていた。1824年、これらの単位はブリテンで帝国単位として改めて定められたが、アメリカでは古いものが使われつづけた。1668年、イギリス国教会の主教ジョン・ウィルキンスが共通単位系を提案して、それがすべての国で使われるようになり、十進法に基づいてわかりやすくなった。

1790年代、フランスのダンケルクとバルセロナ（現在のスペイン）にそれぞれある高い塔の間の南北の線の長さが計測された。結果は地球の周の長さを出すために使われ、その長さは4000万メートルとされた。

ダンケルクの鐘楼

バルセロナのモンジュイック城

Column
地球の形

地球の大きさを使ってメートルの長さを定めるより前に、科学者たちは地球のだいたいの形を知っていた。フランスでは、地球が自転のために極がふくらんで、レモンのような形をしていると考えられていた。イギリスの科学者たちはもっとオレンジに似ていて、赤道のところでふくらんでいると考えた。1730年代、測量者たちが地球の曲面を、赤道と北極点近くでそれぞれ計測した。地球は赤道のところでふくらんでいることが明らかになった。

調査員たちは地球の形をはかるため、ラップランドの厳寒に立ち向かった。

新しい単位系

　ウィルキンスのアイデアはのちにメートル法に発展した。フランスは1799年、最初にこの単位系を導入した。その数年後フランス革命が起こり、人々は王を放逐した。新たなフランス政府は秩序をなかなか維持できなかった。最大の問題は統一されない単位による計測の結果起こった混乱だった。重さの単位は最大の頭痛の種で、商人は客をごまかし放題だったからだ。

ポンドとオンス

　長さの単位がもともと手と腕に基づいていたのに対して、重さの単位は食べもの、特に小麦や大麦、豆などの粒に基づいていた。貴金属や宝石の小さなかけらは、数粒の穀物などの粒と大きさが等しい。この単位

カラットは現在も小さなものをはかるのに使われていて、1カラットはもともと豆の粒1つの重さと等しかった。ローマ人は1ウンシアは144カラットと決め（ウンシアはインチ、オンス両方の名前のもとになった）、12ウンシアは1リブラにあたる。リブラはドイツとイングランドで「ポンド」と訳され、フランスでは「リーブラ」となった。一方、ポンドのいくつかのバージョンは硬貨、食べ物、鉱物をはかるのに使われた。メートル法はそのすべてをひとつの単位でまかなう。

メートルのもとで

　メートル法は 長さの単位メートルからはじまった。メートルはパリを通って北極と南極をむすぶ線の長さから定められた。その後、地球一周の長さが世界中で距離をはかる基準になり、当時の計測で4000万

メートル法の単位系によると、
水1キログラムは1リットルの
入れ物をいっぱいにする。

メートルとされた。1メートルは100センチメートル
と1000ミリメートルにさらに分けられる。長い距離
は1000メートルの単位、キロメートルではかる。面
積は100メートルの辺を持つ正方形の単位アールで測
る。今日では、より大きな単位ヘクタール（10アール）
を使うことが多い。

体積と重さ

　メートル法で体積の単位はリットルで、メートルか
ら定められている。1リットルは1000立方センチメ
ートル、あるいは1辺が10cmの立方体だ。質量ある
いは重さの単位（グラム）もメートルをもとに定めら

Column
**ノットの
速さで**

　船の速度はノットではかる。
1ノットは1時間で1海里進む
速さで、1海里は地球の大きさ
から決められている。地球の周
の長さを360度で割り、1度を
さらに60分で割る。その1分が
1海里だ。だから、もし船に乗っ
て1ノットの速さで赤道上を航
海したら（地球の表面は海に覆
われているものとする）、1周
するのに900日かかることにな
る。

ノットという言葉は速度
をはかる古い方法から来
ている。木片でできた浮
き（下の図）を海に放りこ
み、その浮きが決まった
幅で結び目を作った縄を
引く。船員が結び目ひと
つ分の時間をはかり、船
の速さを推定したのだ。

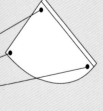

時間は原子時計ではかられる。セシウムの原子の活動を数える時計だ。

れた。1グラムは純水1立方センチメートルの重さだ。つまり、1リットルの純水は1000グラム、ないし1キログラムの重さということになる。

現代の定番

1960年代まで、メートルはメートル法の基盤として、プラチナ製の棒の形でパリに厳重に保管されていた。1960年代以降、度量衡学者（単位について研究する学者）たちは、単位を定めるのに光を使いはじめた。今日では、1メートルは光が1秒の299792458分の1の時間に進む距離である。秒も計測のための単位なことにかわりないのだ。

時間の単位

文明の黎明期から、時間は天体の動きによってはかられてきた。1か月は満月から次の満月までの期間で、一方、1年は地球が太陽の周りを1周公転する期間だ。古代の人々がそれを知っていたわけではないが、年月を星の配置ではかっていたのだ。たとえばエジプトの新年は、明るく輝く星シリウスが見えるようになる夏の季節だ（これはナイル川の毎年の氾濫のすこし前でもある）。もっとも明確な時間の単位は日で、日の出から次の日の出までの時間だ。古代エジプト人は昼の時間を10時間とし、夕暮れと夕闇の時間を2時間足して、現在使われている12時間になった。エジプト

は熱帯で、昼と夜の長さがほぼ等しい。そうであれば夜も同様に12時間になる。バビロニア人には、1時間を60分に区切ったことについて感謝しなければならないし（18ページ参照）、後にそれは60秒（セカンド）、さらに60サード、60フォースまで分かれた。現在は、秒が時間の基本単位になっていて、それより小さい桁は十進法で分けられている。秒は非常に低い温度下のセシウムの原子の活動から定められている。その原子はきまった周期でエネルギーを吸収したり放出したりしていて、1秒間の間にその活動を9,192,631,770回行うのだ！

参照：
数の表記法…16ページ
べき乗…76ページ
合同算術…142ページ

二進法とほかの底
Binary and other bases

数えたり計算したりするのに使っている数そのものをかえることはできない。しかし、それを書き表す方法はかえられる。底、単位など、数を表すのに使っているものをかえればいいのだ。十進法と同じくらい、二進法も非常に有用な道具になる。

ここまで、数の歴史を弾丸ツアーでたどってきて、初期の文明がいろいろな底を使って数を数えてきたことをおわかりいただけただろう（16ページの記数法の項参照）。バビロニア人は六十進法、マヤでは二十進法、オーストラリアの先住民族は五進法を使った。

十進法の底

16世紀までには、10を底とする十進法の数である十進数が数学の世界ですでに何百年も使われていた。しかし、ほかの底も生活の中で、数えたりものをはかったりするのに使われていた。やがてすべての数え方を十進法に統一する動きがはじまった（92ページ小数の項参照）。最終的にわたしたちは十進法で数えるのが最良であることに納得し、この記数法は世界中に広まった。とはいえ、アメリカのヤード・ポンド法を使っている国（ミャンマー、リベリア、そしてアメリカ合衆国）では、別の底が単位に使われた。たとえば、インチは十二進数、パイントは八進数、オンスは十六

進数だ（122ページの計測と単位の項参照）。底が異なる数え方の違いはさまざまだが、とりわけ数学者た

GODEFROI GUILLAUME
LEIBNITZ,
Ne'le 3 Juillet 1646 mort le 14 Novembre 1716.

二進法の数学はドイツ人のゴットフリート・ライプニッツによって1679年に発展した。

ちの興味を引きつけてきたのは二進法だ。この数え方は現在、一般的になっている。というのも、二進法はコンピュータープログラムをつくるための論理式の記号化に使われているからだ。二進法は現代社会に不可欠だが、実は古代からずっと研究の対象でもあった。

底とはなにか

二進法の歴史を見る前に、底とはなにかについて記憶を新たにしておこう。十進法は10個の数の組を使う（0を含む）。0、1、2、3、4、5、6、7、8、そして9だ。この数は対数では底と呼ばれている。二十進法は20個の底、0から19までの数をもつ。10より大きい底をもつ数を目に見える形で表すのはむずかしい。9より大きい値をもつ数がないからだ。一方、二十進法を使って数えていたマヤではその記号がつくられていた（34ページ参照）。五進法なら扱いやすい。底は5で、数字は0、1、2、3、4だ。5は使わない。

そのかわり、5は10と表される。もっとわかりやすくすると、底は添え字で表す。$5_{10} = 10_5$ だ。

位置で値がかわる

底をかえても、数の表記はかわらない。ただし数を書く位置（桁）によって数が表す値はかわる。同じ10でも、十進法の10（10_{10}）は1の位が0、10の位に1があり、五進法の10（10_5）は1の位に0、5の位に1があることを意味する（五進数のもっと長い一覧が見たいなら17ページ参照）。

ふたつの数

底が0の数は可能だろうか？　0をふつうの数だと考える数学者もいれば、そうではないと考える数学者もいるが、0に値がないことにはみな同意している。なにも示さない数でものを数えることができるだろう

Column
桁の値

底がなんであっても、位取り記数法は同じように機能する。位置にはきまった値がある。はっきりいえば各位置は底のべき乗の値をもっている。表はおなじみの十進数について、最初の7桁の値をまとめたものだ。二進数について同じようにまとめた表と比べてみよう。

64	32	16	8	4	2	1
2^6	2^5	2^4	2^3	2^2	2^1	2^0
2 x 32	2 x 16	2 x 8	2 x 4	2 x 2	2 x 1	1

1,000,000	100,000	10,000	1,000	100	10	1
10^6	10^5	10^4	10^3	10^2	10^1	10^0

底10	底2
0	0
1	1
2	10
3	11
4	100
5	101
6	110
7	111
8	1000
9	1001
10	1010
11	1011
12	1100
13	1101
14	1110
15	1111

十進数と二進数の最初の数字15個。7より大きい数を表すには4桁が必要になる。

ゴットフリート・ライプニッツの1679年の著書で、本の欄外部分に十進数と二進数のリストが載っている。ライプニッツは今日使われているような二進数の表記の仕方を考案した。

けで数えられる数（5_{10}）でも、二進数で記述するとこうなってしまう（110_2）。サッカーでフィールド上にいる選手の数（知らない人のためにいうと、22人）なら10110だ。3人の審判を足すと11001。二進数で数えるのは便利とは言えない。なぜわざわざ使う必要があるだろう？

2種類の異なる状態

二進数は論理式を扱うのにとても便利だ。「はい」

か？　もちろんできないのは明らかだ。では底が1ならどうだろうか。繰り返しになるが、数学者たちはほかの数と比べて、1を特別だとは考えていない。とても特別なことはまちがいないが、底を1にすると、数字の1しか使えないことになる。0は除外する。つまり、一進数の最初の数はこんな感じになる。1、11、111、1111。これはかなり使えそうだ。二進数なら、使う数字は0と1なので、最初の3つの数は1_2、10_2、11_2だ（前に述べたように、$_2$がつくと二進数の数であることを意味する）。小さなころから数の数え方として二進法しか教わっていないと想像してみよう。数を書くのはかんたんになるだろうか？　1と0を覚えるだけでよくなるだろう。ほかの奇妙な数字は覚えなくていい。しかし二進数はすぐに扱いにくくなる。片手だ

か「いいえ」で答えられる問いを組み合わせたのが論理式だが、二進数を使えば、これを数学的に表して計算できるようになる。これこそまさにコンピューターの役割で、1秒に何十億回も計算が行われている。コンピューター時代の何百年も前の1605年、二進数の力に注目していたのが、フランシス・ベーコンだ。このイギリス人の弁護士、あるいはイギリス王の相談役は、ある科学的な手つづきを定めたことで知られている。これは実験を行い、知識を明らかにするというしくみで、この「ベーコニアン・メソッド」をきっかけに彼の死の数十年のちに科学革命がはじまったのだ。アイザック・ニュートン、ロバート・ボイル、ブレーズ・パスカルといった人々はさまざまな分野でめざましい発見を行った。一方、ベーコンはすべてのアルファベットを、二進法の5桁の数に変換する方法を考案した（アルファベットは26文字で、0と1を5桁ずつ並べる場合の数は32、あるいは2^5だ）。ベーコンの真に天才的なところは、これらのバイナリコードを書き記すことなく、ふつうの言葉のように変換することができたことだ。この方法は、ベーコンが発明した表現でいうと「2種類の異なる状態を一度に表せればいいのだ。鐘、トランペット、火のついた松明、マスケット銃の銃声など似た性質のものならどんなものでもよい」という。しかしまぎらわしいことに、ベーコンは1や0を使わず、AとBを使っていた。たとえばアルファベットの「A」はAAAAAのように表記する。文字Aは5つのトランペットの音にもできるし、BBBBBは警笛の5種類の音にもできる。

ゴットフリート・ライプニッツはオリエントに興味をもっていた。オリエントとは東アジアの文化を呼ぶ古い言い方だ。彼は易経に関心があった。易経は、中国文化最古の文献のひとつで、少なくとも紀元前1000年以前の古典だ。ここには六芒星と卦と呼ばれるふたつの図形を使って未来を予測できることが書かれている。八卦（陰陽の太極図のそばに置かれることが多い）は3本の線でできていて、六十四卦（下図）は6本の線で書かれる。途切れない線は陽、途切れた線は陰を表す。陰と陽は逆の意味をもち、一体となって世界全体を示す。ライプニッツはこのふたつにさらなる意味を見出した。二進数の0と1だ。六十四卦には、数で表すと2^6（64_{10}）通りあることになる。

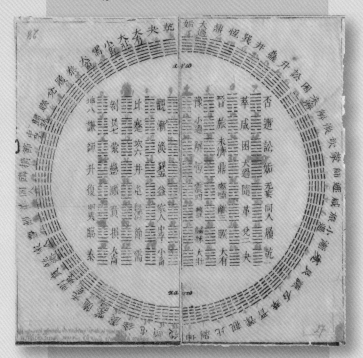

易経に書かれた卦。

3文字のコード

　余談だが、サミュエル・モールスが電信でメッセージを送るために発明したモールス信号も同じアイデアを使っている。ただしモールス信号は「2種類の異なる状態」ではなく、3つの記号を使っている。点、ダッシュ、沈黙（あるいは空白）だ。モールス信号はターナリコード、別の言葉で言えば、三進法を使っているのだ。

二進法で記述する

　ありがたいことに、ベーコンがバイナリコードに使ったAとBは流行しなかった。現在の二進法については、別の科学界のスーパースターであるゴットフリート・ライプニッツに感謝しなければならない。ライプニッツはドイツの外交官、発明家、そしてすべての分野で優れた業績を残した天才だが、微積分法の創始者のひとりとしてもっとも有名になった。1679年にライプニッツは、数字の0と1を使う方法を『二進法算術の解説』で紹介した。彼は数の底という新しいアイデアも紹介している。二進数を読み解くには多くの訓練が必要だが、二進数はライプニッツが説明した当時と同じく、十進数となにもかわらない。右から左に読み、十進数の最初の数字、たとえば31なら1の位は1で、次の数字は10の位だ（3）。十進数はその後100の位、1000の位とつづいていく。前の章で見たように（76ページのべき乗の項参照）、桁を左に進むごとに10倍になっていく。1の位は10^0（つまり1）の倍数で、10の位は10^1、100の位は10^2、1000の位は10^3だ。二進数はこの10を単純に2に置きかえればいい。数は1の位、2^0からはじまる。ここに入る数は1

ジョージ・ブール（137ページ参照）は二進法を使って、数学をコンピューターに利用できる論理構造にかえた。

自身しかない。次の位は2^1で、十進数なら2だが二進数では10と表される。次の位は2^2、2^3、2^4とつづき、それぞれ4の倍数、8の倍数、16の倍数となる（つづきは131ページの囲み参照）。つまり十進数の31_{10}は、二進数の11111_2になる。

二進数を換算する

　二進数を十進数に変換するには、すべての数字を位ごとに2のべき乗に置きかえてから足せばよい。一番右の数字は2^0に等しく、次は2^1、つづいて2^2だ。たとえば二進数1010101_2はこうなる：$1×2^0+0×2^1+1×2^2+0×2^3+1×2^4+0×2^5+1×2^6=1+0+4$

＋0＋16＋0＋64＝85_{10}（ほかの例は137ページにある）。十進数をバイナリ数で表すのはもう少し複雑だ。答えが1になるまで2で割りつづけなければならない。たとえば50_{10}は110010_2になる。変換を試してみよう。50/2は25（余り0）、25/2＝12（余り1）、12/2＝6（余り0）、6/2＝3（余り0）、3/2＝1（余り1）、1/2＝0（余り1）、ここで終わりだ。最初の余りが最初の桁（2^0）の数になる。あとは1桁ずつ上がっていく。$0×2^0＋1×2^1＋0×2^2＋0×2^3＋1×2^4＋$最後の余り$1×2^5$。整列すると$110010_2$となる。

二進数の足し算

　二進数も十進数と同じように足し算できる。桁をそろえて上下に並べ、同じ位の数を足していく。十進数であれば10を超えると左に桁が上がる。二進数では

それぞれの位の数が2（10_2）になったら左隣に1加える。二進数の足し算は、1がたくさん並ぶのだ。一方メリットといえば、4種類の足し算しかしなくてよいことだ。$0_2＋0_2＝0_2$、$0_2＋1_2＝1_2$、$1_2＋1_2＝10_2$、そして$1_2＋1_2＋1_2＝11_2$だ。十進数の足し算ではほかにもたくさんの可能性がある。足し算する機械をつくりたければ、二進数を使うのがいちばんかんたんだ。もちろん大量の（ものすごくたくさんの）計算が必要になるが、すべて機械がやってくれるから人間はなにもしなくていい。これこそがデジタルコンピューターだ。

数学的論理

　「デジタル」上の数字は1と0だけで、コンピューターは単純な二進数の計算の連なりで動いている。計

フランスの作家ヴォルテールは、短編小説『キャンディード』で楽天主義者ライプニッツを批判している。ライプニッツは「この最善なる可能世界において、あらゆる物事は最善である」と主張した人物だ。小説の登場人物パングロス博士は主人公キャンディードとともに旅をするが、地震などの大災害に遭遇しつづける。しかしパングロスは常に楽観的だった。その最後に、未来の地震を防ぐために絞首刑に処されるまで…。

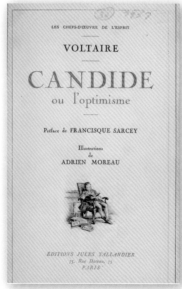

ヘックス

十進数	十六進数
0	0
1	1
2	2
3	3
4	4
5	5
6	6
7	7
8	8
9	9
10	A
11	B
12	C
13	D
14	E
15	F
16	10
50	32
100	64
500	1F4
1000	3E8
14598366	DECODE

十進法と二進法についでよく知られているのは十六進法だ。十六進数はヘキサデシマル、略してヘックスともいう。使われる記号は0から9までと、AからFまでだ。$F_{16}=15_{10}$となる。十六進数を使えば二進数を圧縮できる。4桁の二進数は十六進数1桁に置きかえられるからだ。大きな二進数を表すのはかんたんになる。

いう本を書いた。内容は、1を真、0を偽とする計算のしくみを示すものだ。足し算、割り算などの普通の操作のかわりに、ブールの計算ではAND、OR、NOTを使う。ANDは記号で^と表し、かけ算に似た操作をする。間に0が入れば、必ず0（偽）という答えになるのだ。真となる答えが出るのは、式が1 AND 1になるときだけだ。OR（記号はv）は足し算

コンピューターは1と0の間でオンオフを繰り返す大量のスイッチといえる。

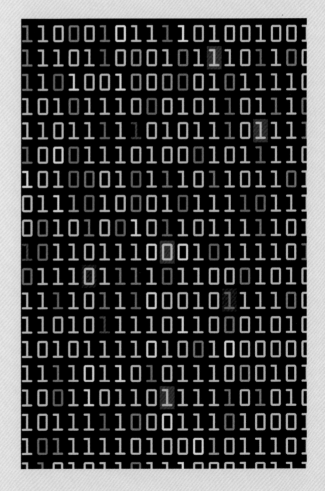

算の答えは1か0だけで、これはオンとオフに対応している（コンピューターの計算に「たぶん」はない）。一方、このような論理計算の規則はふつうの算術とはちがう。

ブール数学

このような数学を発明したのはイギリス人のジョージ・ブールだ。1854年、彼は『思考法則の研究』と

に似ているが、1 ∨ 1 ＝ 1 となり 10_2 ではない。つまり答えが常に1（真）になるのは、計算式に1と0が含まれる場合、もしくは1と1が含まれる場合である。最後に、NOT（記号は￢）は値の交換を示し、0があれば1になるし、逆も同様だ。つまり 1 ￢ 1 ＝ 0 だし、0 ￢ 0 ＝ 1 だ。奇妙に思えるかもしれないが、ブールの著書が刊行されて90年のち、この数学上の論理は最初のコンピューターに使用された。今日も、その動作のもっとも細かい部分では、コンピューターのプロセッサはこれと同じ二進数の計算をしている。

参照：
記数法…16 ページ
べき乗…76 ページ
小数…92 ページ
情報理論…172 ページ

やってみよう！

　二進数は慣れるまで複雑に見える。しかし一度覚えれば十進数に変換するのはかんたんだ。（鉛筆と紙が助けになる）。下のやり方を見てみよう。まずは二進数を十進法の足し算に変える方法だ。二進数のそれぞれの桁は位に対応している。位の値を使って実際の値を計算し、すべて足せば十進数に変換できる。

位の値

128	64	32	16	8	4	2	1
		1	1	0	1	1	0
		32＋	16＋	0＋	4＋	2＋	0

十進数 ＝ 54

128	64	32	16	8	4	2	1
1	1	0	1	0	1	0	1
128＋	64＋	0＋	16＋	0＋	4＋	0＋	1

十進数 ＝ 213

128	64	32	16	8	4	2	1
1	0	1	1	0	0	0	0
128＋	0＋	32＋	16＋	0＋	0＋	0＋	0

十進数 ＝ 176

128	64	32	16	8	4	2	1
	1	0	0	0	0	1	0
	64＋	0＋	0＋	0＋	0＋	2＋	0

十進数 ＝ 66

自然対数 e
The number e

文字がただの文字でなくなるのは？　それは数を表すときだ。e はアルファベットの5番目の文字だが、数学のもっとも驚くべき数のひとつでもある。自然を説明するために数学を使うとき、その答えは最終的に e を含むことが多い。それはなぜなのか？

e（常に小文字）は数の中でも説明しづらいものだ。こんなに多くの説明の仕方がある数はなく、またこの数がなんなのか本当のところはわかっていない。e は elusive（説明しづらい）から来ているわけではないが、あるいはそうかもしれないと思えるほどだ。e が exponential

eをページの中に書けるだけ書いてみた。小数点以下に数字がどこまでもつづく。

growth（指数関数的成長）を指していると考える人もいるし、オイラー（Euler：18世紀にこの数を研究したスイスの数学者）の頭文字だという人もいる。

数学上の定数

π や Φ のように、e は数学上の定数だ。自然にかかわる不変の数で、かつ数学の宇宙で申し分のない活躍をする。e は無理数で、すべてを書き表すことは決してできない。永遠につづく数なのだ（くわしくは40ページ参照）。なにより も、e は超越数、つまり整数を用いた式では表せない数で

スイスの数学者ヤコブ・ベルヌーイが、1683年にはじめてeの概数を計算した。

2.7182818284590452353602874

もある（くわしくは148ページ参照）。とはいえ、より正確に計算しようと試みることはできる。コンピューターのおかげで、小数点以下何十億桁までは計算できているが、まだこれははじまりにすぎない！　試しに唱えてみよう。2.71828182…

成長と衰退

　扱うのはむずかしいにもかかわらず、eは数え切れないほど多くの現実の事象にあてはめられる。それはこの数が、現在の値に対する増加率が比例的に増えていることを表現できるからだ。言いかえると、増加がつづくにつれて量が増加し、増加率も増えていく。これを指数関数的成長といい、多くの自然現象で見られる。放射性物質の減少や、バクテリアの成長、貝の渦巻きの長さに対する幅（84ページ参照）等々。eはこのすべてに含まれる。そんなに自然とはいえないが、銀行の利息計算でもeが使われ、これは数学者がはじめてeに遭遇した分野でもある。

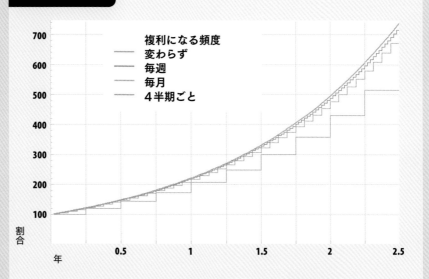

Column
利息をつける

　eは利子の複利計算ではじめて使われた。これは一定の期間ごとに、増加率にある率が足されていくという増加の仕方だ。毎年100%増えていくなら、もとの値は2倍になる。増える率がこれより小さくても、一定の期間が短ければ2倍より合計は多くなる。無限に増やしつづければ、増加率はeに近づいていく。2.71828…

かんたんな説明

　まずはこの数を紹介しよう。eの計算方法をもっとも端的に説明するには、ちょっとした計算 $(1 + 1/x)^x$ が必要だ。xにはどんな数を入れてもいい。わかっているのは、xが無限大に近づけば、$(1 + 1/x)^x$ の答え

⋯71352662497757247709369995…

はeに近づくということだ。xが1なら、$(1 + 1/x)^x = 2$ になる。x = 10なら $(1 + 1/x)^x = 2.59374...$ だし、x = 100,000なら $(1 + 1/x)^x = 2.71826...$ となる。より大きく、そして無限大に近づけるとして、x = 1000万としよう。すると $(1 + 1/x)^x = 2.71828...$ だ。このあと数をどれだけ大きくしても、答えは2.71828... となる。小数点以下のつづく桁が、eの真の値に近づきつづける。

自然から生まれた数

　eにかかわる最初の手がかりは1618年、ジョン・ネイピアの対数にかんする本（98ページの対数の項参照）に隠されていた。対数を使えば、ある数を一定

ミズーリ州セントルイスにあるゲートウェイ・アーチはeに基づいてつくられている。

の底（くわしくは130ページ参照）のもとに、その底の指数に変換することができる。大きな数の計算をかんたんにする手法だ。ネイピアの特筆すべき功績が、自然対数だ。自然対数の底がeなのである。常用対数について復習してみよう。$\log_{10}(10) = 1$、なぜなら $10^1 = 10$ だからだ。$\log_{10}(100) = 2$、これは $10^2 = 100$ だから。$\log_{10}(1) = 0$ で、これは $10^0 = 1$ だから。この法則は自然対数 $\log_e(x)$ にも当てはまり、$\log_e(1) = 0$、これは $e^0 = 1$ だからで、$\log_e(e) = 1$ になる。ここまでは一緒だ。では、eはどこから来たのか？

指数関数カーブ

　自然界でものが増えていくようすをグラフにすると、最初はほぼ水平からはじまり、徐々に勾配がきつくなり、ほぼ垂直になって無限大に近づく。対数はこの曲線を直線にする（そのために非常にわかりやすくなる）。eは自然界の現象を記述したグラフの曲線を、

立方根（$^3\sqrt{x}$）は3乗したらxになる数。$^x\sqrt{x}$は、x乗したらxになる数というわけで、この場合ふたつのxは同じ数であることに注意しよう。$^2\sqrt{2} = 1.414...$、$^3\sqrt{3} = 1.442...$、$^4\sqrt{4}$は1.414...、$^5\sqrt{5}$は1.379... となる。この後の答えは1に向かって減っていくが、1になることはない。ではこの$^x\sqrt{x}$が最大になるのはxがいくつのときか？　もうおわかりだろう、それは$^e\sqrt{e}$のときだ。1.44466...

レオンハルト・オイラーは1720年代にeを命名した。この数はオイラー定数としても知られている。

かんたんに直線にかえるのに必要な数だ。eを最初に計算したのは1683年のヤコブ・ベルヌーイで、利子の複利計算グラフの曲線を理解するためだった（139ページのコラム参照）。一方、レオンハルト・オイラーはeをすべての曲線に関連づけ、自然対数の底の値を1720年代に計算した。

数学の驚異

eは数学のさまざまな分野、幾何学から数論、統計学までに登場する。根にかかわる最後の疑問を見てみよう。xの平方根（$^2\sqrt{x}$）は、2乗したらxになる数だ。

参照：
超越数…148 ページ

参照：
超越数…148 ページ

Column
Google
の値

Googleは数学者たちがつくった会社だ（数学の授業をがんばる理由がもしあるとしたらこれはなかなかよいきっかけだろう）。2004年、グーグルは株式の売買を公開したが、その最初の提示額は2,718,281,828ドルだったという。別の言い方をすれば、e十億ドルだ。

合同算術
Modular arithmetic

カール・フリードリヒ・
ガウスは数学の王と呼ばれた。

さあ、数学を解体し征服するときがやってきた。単純な割り算の技術は、どんな巨大な数でも相当小さく単純な数にしてしまう。合同算術はこの技術を使って、すべての数をグループ分けできるのだ。

合同算術を発明、もしくは少なくとも名づけたのは、偉大な数学者カール・フリードリヒ・ガウスである。このドイツ人は、数学の歴史全体を通してもっとも重要な人物のひとりだろう。彼は数多くの分野で素晴らしい発見をなしとげた。たとえば幾何学では、直線は実は曲線であるという驚くべき発見をしている。ガウスは天文学者でもあった。1801年、彼はケレス（史上初めて発見された小惑星。ケレスは非常に大きく、アメリカ合衆国と同じくらい幅がある。現在は準惑星とされている）の軌道計算を行った。ガウスは天才児で、十代のころから抜きん出ていた。彼の小惑星にかんする偉業は弱冠24歳のときになされ、同年、彼は著書『算術研究（ガウス整数論）』を刊行した。この本はおそらく、数にかんする本の中で、2100年前に書かれた

DISQVISITIONES

ARITHMETICAE

AVCTORE

D. CAROLO FRIDERICO GAVSS

LIPSIAE
IN COMMISSIS APVD GERH. FLEISCHER, Jun.
1801.

『算術研究（ガウス整数論）』
は合同算術を紹介した。

ユークリッド『原論』（くわしくは59ページ参照）以来、後世に最も大きな影響を与えた本だろう。

同等のものを探す

『算術研究（ガウス整数論）』には合同算術にかんする説明が含まれている。これはまったく新しい数学の手法というわけではない。すでに何世紀にもわたって、時計を読むときに使われてきた手法だ（右のコラム参照）。ともかく、ガウスはこの手法を、数どうしがいかに合同たりうるかを示すものとして発展させた。「合同」というの

は「同等」とほとんど同じ意味だが、覚えておいて損はない概念だ。

図形と大きさ

　図形で考えるとわかりやすいだろう。数学的には、すべての円は「相似」だ。相似というのは（大きさと向きがちがっても）まったく同じ形をさす。たとえば小さな正方形は大きな正方形と相似だが、同等ではない。同じ大きさのふたつの正方形は、たとえ置き方の向きが違っても合同だ。これらの図形を扱うとき、どの図形どうしが相似で、どの図形どうしが合同かを区別するのはたやすい。ともかく、正方形の大きさと向きは、係数と変数を使って数学的に表すことができる

（108ページのベクトルと行列の項参照）。こうした手法は図形以外の数学にも応用されている。合同算術は、どの数の組み合わせが合同なのかを明らかにするのに使えるが、その応用範囲も広い。

現実の使い道

　ガウスは自ら発見したこの手法が、多くの問題、特にこれまで手がかりすらなかったような難題を解決するのに役立つことに気づいた。ともあれ、合同算術は比較的かんたんでわかりやすい。多くの目的で利用されるが、たとえばアメリカの郵便制度における郵便番号、バーコード、そしてインターネットに接続するときのセキュリティにも使われている。

Column
時計の数学

　気づいている人は少ないが、わたしたちは時計を読むとき実は合同算術を使っている。時刻は12時間か24時間の枠組みで示される。デジタル時計の多くは24時間制だが、ふつうは12時間制で表すだろう（当然相手は午前と午後のどちらをさしているかわかるだろうと思っている）。12時間制と24時間制を言いかえるとき、わたしたちはmod 12を使う。午後1時は13:00と同じだ。13を12で割ると1あまる。午後2時は14:00だ（14/12を計算すると2あまる）。同様に、時間が経つときもmod 12を使う。午前9時に10時間後会う約束をしたとして、約束の時刻が7時なことがわかる（9＋10＝19、19/12のあまりは7）。

00:00 ≡ 12:00　(mod 12)

03:00 ≡ 15:00　(mod 12)

08:00 ≡ 20:00　(mod 12)

+7 ＝ 8

13 / 5 = 2 あまり 3
18 / 5 = 3 あまり 3

13 (mod 5) = 3
18 (mod 5) = 3

13 ≡ 18 (mod 5)

13と18が除数5において合同になることを示すかんたんな例。片方から片方を引けば簡単に確認できる。答えは5(もしくは5の倍数)になる。

いくつあまる?

　合同算術は単純な割り算だ。分数や小数と格闘する必要はない。整数どうしの割り算をし、商がいくつで、あまりがいくつかを覚えておけばいい。この割り算の割る数のことをmodulus(除数)という。modulusの語源はラテン語の「測る」だ。

奇数と偶数

　いくつか例を見てみよう。一番単純な除数は2だ。偶数は2で割り切れて、奇数は2で割ると1あまることは知っているだろう。これは、合同算術において、modulo 2に対して偶数はすべて0になることを示す。moduloは「除数で(by modulus)」を意味するが、

mod と略すのがふつうだ。つまり、8 (mod 2) = 0で、15,926 (mod 2) = 0だ。対して、8 ≡ 15,926 (mod 2) だ。この≡の記号は合同を示し、8と15,926は数の同じ区分けに属することを示している。つまり、偶数だ。奇数でも同じことができる。9 (mod 2) = 1:9/2 = 4あまり1だ。どんな大きな奇数、たとえば28,765を割ってもあまりは1だ。つまり、9 ≡ 28,765 (mod 2) である。この2つの数は、偶数とは別の区分けに属する。

単純なやり方

　mod 1による数の区分けにあてはまるのが整数だ。すべての数は1の倍数、1は常に整数を割り切るのだから、あまりは0になる。すべての整数はmod 1においては互いに合同である。これもためになる知識とは言えないかもしれないが、合同算術とはなにかを示すもっとも単純な例だ。

バーコードは数字の列を図形で表したものだ。スキャナが正しくコードを読んだかを確認するのに、かんたんな合同算術が使われている。

高度な数

　合同算術のありがたみが増すのは、大きな数を扱うときである。合同な数どうしの、より多くの区分けができるからだ。区分けの個数は除数と等しくなる。たとえばmod 10なら、0から9まで10種類のあまりができるし、mod 25なら0から24までのあまりができる。除数で割って同じ数のあまりが出る数は同じ区分けに属する。たとえば、27 ≡ 53（mod 13）となる。どちらもあまりは1だ。この2つの数の関係は、片方から片方を引き算すればわかる。53 − 27 = 26だ。答えは除数である13の倍数になる（13×2 = 26）。この場合、すべての合同な数どうしの引き算の答えは13の倍数になる。27と53はmod 13におけるあまり1の組に入る。なぜ1を使うかというと、区分けの中でいちばん小さい数だからだ。mod 13は13種類の区分けをもつ。

負の数

　正の数の範囲での合同算術はまったくの一本道だ。負の数が入るともう少し検討が必要になる。なぜかというと、負の数のあまりというのは考えられないからだ。つまり、−7（mod 5）は−2でなく3になる。

Column
ポストネットコード

　手紙や小包に印刷されたバーがポストネットコードだ。アメリカ合衆国郵便公社が使っているこのポストネットコードは、配達先の郵便番号を示している。それぞれの数が長短おりまぜたバーの集まりで示される。どんな種類があるか右図を見てみよう。ポストネットコードは、郵便物を中継地から中継地へ送るために自動で振り分けられるようにする。最後の数字は郵便番号に含まれない。これはチェックディジットで、その数を使って、コンピューターはほかのコードが正しく読めているかチェックできる。まず読み取った9桁の郵便番号を足し算し、その答えのmod 10の値をとる。つぎにその値を10から引く。その答えがチェックディジットと合っていれば、正しく郵便番号を読み取れたことになる。合わなければ再度スキャンする。さて、あなたはこのコードを正しく読めるだろうか？

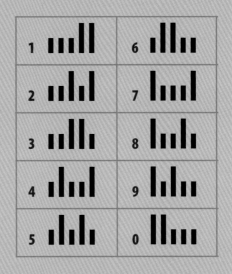

Column

モジュラー暗号

0	1	2	3	4	5	6	7	8	9	10	11	12	13	14	15	16	17	18	19	20	21	22	23	24	25	26
A	B	C	D	E	F	G	H	I	J	K	L	M	N	O	P	Q	R	S	T	U	V	W	X	Y	Z	#

暗号行列 $= \begin{bmatrix} 1 & 3 \\ 2 & 7 \end{bmatrix}$　　解読行列 $= \begin{bmatrix} 7 & -3 \\ -2 & 1 \end{bmatrix}$

mod 27 を使って、26種類の文字と空白1文字（#）を使った文章を暗号化できる（26＋1＝27）。単語は数字に変換でき、次に行列を使って暗号化する（109ページに行列の計算方法が書かれている）。コード化するために、計算結果を mod 27 で変換すると、復号するのは非常にむずかしくなる。行列を使って解読すると、意味のある状態に戻すことができる。

"MATH"

このメッセージの文字はペアだと考える。MA TH＝(12,0)と(19,7)

"**MA**" を暗号化　$\begin{bmatrix} 1 & 3 \\ 2 & 7 \end{bmatrix} \begin{bmatrix} 12 \\ 0 \end{bmatrix} = \begin{bmatrix} 12 \\ 24 \end{bmatrix} \equiv \begin{bmatrix} 12 \\ 24 \end{bmatrix}$ (mod 27)

"**TH**" を暗号化　$\begin{bmatrix} 1 & 3 \\ 2 & 7 \end{bmatrix} \begin{bmatrix} 19 \\ 7 \end{bmatrix} = \begin{bmatrix} 40 \\ 87 \end{bmatrix} \equiv \begin{bmatrix} 13 \\ 6 \end{bmatrix}$ (mod 27)

"**MATH**" は "**MYNG**" に暗号化される

"**MY**" を解読　$\begin{bmatrix} 7 & -3 \\ -2 & 1 \end{bmatrix} \begin{bmatrix} 12 \\ 24 \end{bmatrix} = \begin{bmatrix} 12 \\ 0 \end{bmatrix} \equiv \begin{bmatrix} 12 \\ 0 \end{bmatrix}$ (mod 27) "**MA**" と合同

"**NG**" を解読　$\begin{bmatrix} 7 & -3 \\ -2 & 1 \end{bmatrix} \begin{bmatrix} 13 \\ 6 \end{bmatrix} = \begin{bmatrix} 73 \\ -20 \end{bmatrix} \equiv \begin{bmatrix} 19 \\ 7 \end{bmatrix}$ (mod 27) "**TH**" と合同

正の数の場合は、もとの数より少ない（か等しい）、除数（5）の最も大きな倍数を探していた。それがわかれば正の数のあまりがわかる。一方、負の数を扱うときは、もとの数より絶対値が大きい倍数を探す。5×（－2）＝－10なので、－7（mod 5）は＋3だ。合同な数の組のメンバーはやや奇妙なものになる。たとえば、－7≡8（mod 5）だ。－7も8も mod 5において同じあまり3をもつ数なのだ。

合同の計算

　合同な数の組をつくって、それが何の役に立つのか？　まず計算を単純にできる。というのは、合同な数の組どうしの足し算をすると、答えはい

合同算術はインターネット接続のセキュリティに使われる。

つも同じ組になるからだ。実例を見ればつかめるだろう。7 ≡ 11（mod 4）、5 ≡ 9（mod 4）で、前の組み合わせはあまり3の組、後ろの組み合わせはあまり1の組だ。あまり3の組と1の組を足し算すると、答えはいつもあまり0の組になる（3＋1＝4で、4はmod 4であまり0の組になる）。確かめてみよう。7＋5＝12、11＋9＝20。ほかの組み合わせを試しても、答えはいつも4の倍数になる（つまりあまり0の組）。引き算について考えると、（あまり3の組）−（あまり1の組）＝（あまり2の組）になる。答えは常にあまり2の組だ（mod 4）。同様に、かけ算は常にあま

やってみよう！

合同になる数の組み合わせをいくつか例示した。

14 ≡ 26 (mod 12)
14 ÷ 12 = 1 あまり 2
26 ÷ 12 = 2 あまり 2

27 ≡ 9 (mod 3)
27 ÷ 3 = 9 あまり 0
9 ÷ 3 = 3 あまり 0

117 ≡ 17 (mod 11)
117 ÷ 11 = 10 あまり 6
17 ÷ 11 = 1 あまり 6

り3の組（mod 4）になる。自分で計算して確かめてみよう。

Column
フェルマーの小定理

フランスの数学者ピエール・ド・フェルマーは、フェルマーの最終定理によって有名な人物だ。さらに彼はフェルマーの小定理と呼ばれる、素数を見つける定理も提示した。ある数（a）をある素数（p）乗すると、aと合同になるというものだ。べつの表現をすると、$a^p - a$は常にpの倍数になる。たとえば$2^3 - 2 = 6$になる。合同算術を使うと、6 ≡ 3（mod 3）だ。この素数テストは非常に強力な道具だが、完璧ではない。非常に数は少ないが、このテストを通過できるが素数でない数が存在するのだ。これらはカーマイケル数と呼ばれ、最も小さいものは561だ。

ピエール・ド・フェルマーは、17世紀の謎めいた数学者だ。

$$a^p \equiv a \ (\mathrm{mod}\ p)$$

参照：
情報理論…172 ページ

超越数
Transcendental numbers

数学者は数の世界を冒険し、なにか新しいもの
を探しつづける。1870年代、数学者たちは
いくつかの重要な数を見つけた。それは、数学の古い
規則の向こう側へ突き抜けられそうな、あるいは通り
抜けられそうな数だった。

数学者は数を仲間分け、あるいは共通の規則や性質
をもつ数の組に分けたがる。そうすれば数が互いにど
う関連しているか、すべての数に当てはまる法則はな
にか、あるいはどんな規則が数の一部にしか当てはま
らないかを、理解する助けになる。超越数は非常に奇
妙な一群の数で、わたしたちが知るそのほかのすべて
の数のあいだに存在する。超越数のいくつか、たとえ
ばeやπはじゅうぶん知られているが、その大部分を

7.656250596046447753906250000000000075231638452626400509999138382237233803...

無限につづくリウヴィル
数は、最初に発見された
超越数だ。

どんな数が占めているのかはだれも知らない。おそら
く今後も知ることはないだろう。

規則に従う

ここまでで、もっとも重要な数の仲間を見てきた。
まずは自然数だ。自然数に0や負の数を加えたのが整
数だ。分数は整数からできている。3/4、1/10などだ。
整数と、そのあいだの分数や小数をまとめて有理数と
いう。ここまではかんたんだ。

もし数が秩序ある世界を構築してい
ると思うのなら考え直した方がいい。
ほとんどの数は秩序を超越し、計算
不能の値が渦を巻いている。

規則を曲げる

　いくらかの数は無理数（有理数の一群に含まれない数の意）だ。これらには$\sqrt{2}$が含まれ、言い伝えによれば、ピタゴラスが殺されるに至ったほどのトラブルのもとになった。この数と、ほかのすべての無理数（たとえばΦ）は整数でできた分数では表せない。正確な値は出せないし、書き表せない。できることといえば、より実際の値に近い数を計算することだけだ。ともかく、それらの数の正確な値をほかの数で表すことはできる。

シャルル・エルミートはフランスの数学者で、1873年にeが超越数であることを発見した。

Column
π

人類はπを2000年以上も研究し、その数字の並びに、わたしたちがその謎を解きうるようなパターンを探してきた。

1882年、πの数字の並びにはなんの法則性もないことが発見された。できることはひたすら値を計算しつづけることだけだ。以下が最初の1000桁だ。

円周
C

直径
d

3.1415926535 8979323846 2643383279 5028841971
6939937510 5820974944 5923078164 0628620899
8628034825 3421170679 8214808651 3282306647
0938446095 5058223172 5359408128 4811174502
8410270193 8521105559 6446229489 5493038196
4428810975 6659334461 2847564823 3786783165
2712019091 4564856692 3460348610 4543266482
1339360726 0249141273 7245870066 0631558817
4881520920 9628292540 9171536436 7892590360
0113305305 4882046652 1384146951 9415116094
3305727036 5759591953 0921861173 8193261179
3105118548 0744623799 6274956735 1885752724
8912279381 8301194912 9833673362 4406566430
8602139494 6395224737 1907021798 6094370277
0539217176 2931767523 8467481846 7669405132
0005681271 4526356082 7785771342 7577896091
7363717872 1468440901 2249534301 4654958537
1050792279 6892589235 4201995611 2129021960
8640344181 5981362977 4771309960 5187072113
4999999837 2978049951 0597317328 1609631859
5024459455 3469083026 4252230825 3344685035
2619311881 7101000313 7838752886 5875332083
8142061717 7669147303 5982534904 2875546873
1159562863 8823537875 9375195778 1857780532
1712268066 1300192787 6611195909 2164201989

ゼロまで減らせ

一方、有理数と無理数の一部を合わせたより大きな一群を、代数的数と呼んでいる。これは整数を使った計算を（どれだけ複雑でも）、結局は0にすることができるという意味だ。整数ならかんたんだ。試しに7からはじめてみよう。$7-7=0$；$-7+7=0$。$1/2$のような分数だと少し工夫がいる。$(1/2×2)-1=0$。どんな整数でも、どれだけ大きくても、あるいは分数でも、どれだけ小さくても、こういう計算ができる。$\sqrt{2}$だとこの計算をするにはむずかしすぎるだろうか？　そんなことはない。$(\sqrt{2})^2-2=0$。

変数を使う

なんのためにこんなことをしているかというと、代数学の問題、つまり数をx、y、nなどの文字に置きかえたものをつくろうとしているのだ。$x-x=0$；$x(y/x)-y=0$；$(\sqrt{n})^2-n=0$。これは実際の数でも成り立つ。x、y、nの場所は数で置きかえられ、足し算もできる。何世紀ものあいだ、想像しうるあらゆる数がこのように扱えると考えられてきたが、数学者たちはある種の数についてはその方法を見つけられていない。

数の一家集合写真だ。多くの数は、実数であれ複素数であれ、超越数である。

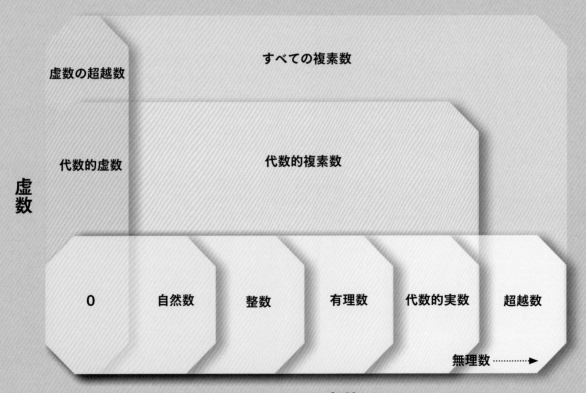

虚数

すべての複素数
虚数の超越数
代数的虚数　　代数的複素数

0　自然数　整数　有理数　代数的実数　超越数
無理数 ⋯⋯⋯▶
実数

複雑になってきた

特異な数、たとえば虚数単位と呼ばれるiについてはどうだろうか（86ページの複素数の項参照）。iは$\sqrt{-1}$だから、0にする計算はかんたんに思える。$i^2 = -1$で、1を足せば0になる。しかしe（くわしくは138ページ参照）はどうだろう。その発見以来、人々はeの代数法則を探しつづけたが、すべて失敗している。1844年、フランス人のジョセフ・リウヴィルはeが代数的数ではないことを証明しようとした。失敗したものの、その過程で彼は、代数計算では0にすることができない無理数をつくり出した。この数は今日リウヴィル数と呼ばれるが、最初に発見された超越数だ。「超越」とは「突破する」という意味で、この数は当時の数学者が使いこなしていた理論の守備範囲を乗りこえているように思われた。次の疑問は、超越数はリウヴィル数だけなのかということだ。

自然界で起こること

リウヴィル数がただの例外か、それともつづく多くの超越数の最初のひとつかは誰にもわからなかった。eのような数が代数の範疇を超える数なのかを証明するのは難しい。しかし、1873年にフランス人のシャルル・エルミートはeが代数的数なら、すべての整数は0と1のあいだに入ることを示した。こんなことは明らかに成り立たないから、eはやはり超越数だ。超越数は珍しくなく、秩序をもって並ぶ多くの数とは違うものの、奇妙な形の宝石ではない。それどころか、超越数はほかのどの種類の数よりたくさんあることまでわかっている。それでは最初の超越数と最後の超越数は？　これは、今までのすべての数学が誤りであることを示してしまいかねない疑問だった！

> 参照：
> 無限…152 ページ
> 集合…160 ページ

参照：
無限…152 ページ
集合…160 ページ

Column
代数的数

代数的数のすべてが有理数なわけではない。実際、ほとんどはちがう。$\sqrt{2}$やΦのような数は実際の値が求められることは決してなく、より実際の値に近い数がわかるにすぎない。どれだけ値が計算し切れないとしても、このような無限小数は整数や単純な分数のように扱えないのだろうか？　それらはべき乗して整数にかえることができる。たとえば、iは-1の平方根で、Φはもう少し複雑な、$(1+\sqrt{5})/2$だ。証明するのはむずかしいものの、これらは無理数だが、代数的数である。

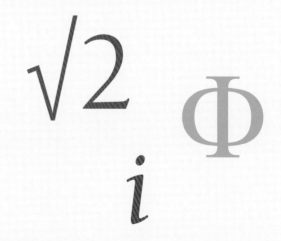

無限
Infinity

無限の眺め。無限には到達することはできないが、数学者たちはその使い方を示してきた。

考えうる最も大きい数とはなんだろう？ 無限か？ 残念ながらそれはちがう。無限は数ではなく、数にかんする考え方だ。実際、無限にはいくつかの種類があり、奇妙なことに、いくらかはほかの無限より大きかったりする。

　無限とはどんなものか、だれでも自分なりの考えをもっている。わたしたちは無限を、終わらない、数え切れない、限界がないなどと表現する。これらの表現は正しそうに思えるが、意味はそれぞれ同じではない。これらの表現はある種の無限には当てはまるが、ほかの無限には当てはまらない。つまり、無限とは実に奇妙な考え方なのだ。

終わらない仕事

　無限とはどれくらいの量か、終わらない仕事を思い浮かべればわかる。大きなバケツがあるとしよう。バケツは無限の数のボールを入れられるほど大きい。幸い無限の数の、それぞれ1から無限までの数字が書かれたボールがある。ステップ1：最初の10個のボール（1から10）をバケツに入れ、1のボールを取り出す。ステップ2：次の10個のボール（11-20）を入れ、2のボールを取り出す。このステップを繰り返し、次の10個のボールを入れては、ステップの段階数の書かれたボールを取り出す。ステップ3では3のボール、ステップ4では4のボール、というように。これらのステップを無限回繰り返す。バケツはどうなるか？ 無限の数のボールが入っていることになるのか？ 答えは、バケツは空になる。ボールを取り出すより早く入れても、このルールだと無限の数のボールをバケツに入れ、無限の数取り出さなければならない。論理的には、バケツは空になる。

有限の時間

　もちろん実際にこんなことはできない。それには無限の時間がかかるだろう。一方、わたしたちはこの無限の仕事を1分（あるいはほかの単位）でやるところを想像することができる。電球とスイッチがあって、

アリストテレスが若きマケドニアのアレキサンダー（のちのアレキサンダー大王）に教えをといているところ。無限は神の領域であると考え、扱うことに慎重だった。

その1分がはじまるとスイッチを入れる。1分の半分がすぎたら消す。そこから1分の4分の1の時間が経ったらつける。これをつづけ、残り時間の半分がすぎるたびにスイッチを操作する。1分の8分の1、16分の1、というように。残り時間を無限に分割することができる。無限とは、スイッチの操作が決して終わらないということだ。スイッチは入れたら消さなければならず、逆もまたしかりだ。しかしいつか1分はすぎてしまう。スイッチは入っているか、それとも消えているか？　決してわからない。

古代のパズル

　無限にかんする謎はとても歴史が古い。古代ギリシャの数学者たちは、無限を使うまいとした。彼らは直線が無限の長さになりうることは認めたが、実際にそ

Column
ゼノンのパラドックス

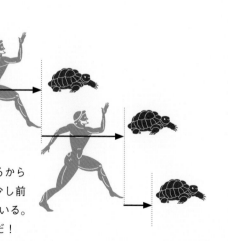

　エレア派のゼノンの最も有名なパラドックスは、アキレウスとカメにかんするものだ。アキレウスは偉大な英雄だが、競争するにあたってカメに優先スタートのハンデを与えた。そのカメが一定の距離前にいて、アキレウスはその後ろから走り出し、その距離まで進んだ。しかしそのときにはカメはもう少し前に進んでいる。アキレウスがその距離を越えるとカメはさらに前にいる。アキレウスはカメに近づけても、カメに追いつくことはできないのだ！

ジョン・ウォリスは、レムニスケートもしくは∞を無限の記号として1665年に紹介した。彼はのちに、無限にかかわる数学を著書『オペラ・マセマティカ』で扱っている。彼の記号は数学界の外でも広く使われた。

なければいけない……どうなるかわかるだろう。移動には無限の歩数が必要で、無限には終わりがなく、ではどうやって移動できるというのか？ ゼノンは運動とは幻想だと示唆している。ある者は宇宙は原子という見えない物質でできているという。原子はそれ以上分けられず、つまり一度に1原子分ずつ動くことになる。何年ものち、世界は本当に原子でできていることがわかった。現代物理学は原子が宇宙で最小の物質ではないこと、しかしその一方、空間と時間にはより低次の、分割できない部分があることを示した。ともかく、数学と数は現実世界の一部ではない。数にはそれ以上分けられない「原子」はない。どんなに小さい数でも、さらに分けることができるのだ。

うなることはないと考えた。一方、ギリシャの哲学者ゼノンは、2500年ほど前に生きた人だが、無限にかんする一連のパラドックスを提示した。後世の数学者たちを困惑させてきた最も有名な例を紹介している（前のページのコラム参照）。

真実の幻影

パラドックスは時に自己矛盾する。もしそれが真なら、偽でもあるのだ！ ゼノンのパラドックスのほとんどはこのようにまとめられる。ある物体が1マイル進んだとして、まず半マイル進んで、それから半マイル進むことになる。半マイル進むには1/4マイル進ま

無限を計算する

17世紀、数学者たちはある数から次の数になるというのはどういうことかを理解しようとしていた。たとえば1から2になる場合、もしあいだに無限の数の

小数があるなら、どうやって次の数に移るのか。それを解明するため、数学者たちは無限を計算に取りこむ方法を探していた。1665年、イギリスの数学者ジョン・ウォリスは、無限を表す記号として∞を提示した（彼は数直線という考え方も発明した）。この無限の記号はレムニスケートと呼ばれる。交わる輪でできていて、はじまりも終わりもなく、無限を表すのにふさわしい記号だ。

無限の足し算

∞の記号は単純な足し算に使えるが、数のようには働かない。$1 + \infty = \infty$；$10 \times \infty = \infty$、そして$\infty + \infty =$ ∞だ。これらの計算からわかることは少ない。$1/\infty$はどうなるのか？ ウォリスとほかのより著名な数学者たち、たとえばアイザック・ニュートンやゴットフリート・ライプニッツは、整数と整数、たとえば0と2のあいだの、無限につづく分数を足すことは可能かを検討しはじめた。足し算はこんな感じになる。$1 + 1/2 + 1/4 + 1/8 + 1/16 \cdots 1/\infty$に向かって。この足し算は2になるまでつづくが、どうやって最後までいけばいいのか？ 無限の分数を足しつづけるのは不可能だ。つづく2世紀のあいだ、多くの数学者が、このようにどこまでも縮小していく分数の連なりを足し合わせたらどうなるかを確かめようとしてきたが、その答えがほぼ2になることはまちがいない。一方、2と

Column
無限を真似る

アイザック・ニュートンは1680年代、ゴットフリート・ライプニッツやほかの人々とともに、微分積分法の開発を行ったひとりだ。

微分積分はむずかしさの代名詞だ。微分積分の意味がわかるには、何年か数学の基礎を学ばなければならない。微分積分の目的は、常に変化しつづける量を計測することだ。たとえば、自然界に見られるような変化していく量を、無限につづく数の連なりに変換する。それぞれの数が絶えず次の数に無限小といわれる分だけ変化する。微分積分は、大洋の波のような、複雑な事象を数学モデルにするのに使われる。

いう数と、これらすべての分数を足し合わせた数は有理数だ。すでにずいぶん前から、ほとんどの数は無理数であることが知られていて、分数では表せない（40ページのコラム参照）。無理数のほとんどが超越数（148ページ参照）でもある。これは、ほとんどの数が、そのほかの数と同じ数学の規則には従わないということ

とだ。では、無限の足し算とふつうの数を一緒に扱うにはどうしたらいいのか？

数の集合

答えは、種類が異なる数を集合に分けることだ（160ページ集合の項参照）。この研究を進展させたのが、ドイツ人のゲオルク・カントールである。1870年代、カントールは無限の見方を大きくかえた。無限はどんな数について見ているかによって意味がちがい、ある種の無限はほかの無限より大きいとした。とても奇妙

ゲオルク・カントールの数学上の功績は、無限という言葉の現代的な使い方の基礎をつくったことだ。

カントールの研究成果の中でもっとも有名な、そしてわかりやすい例。これはすべての分数（もしくは有理数）を並べてリストにすることが可能であることを示している。マス目をジグザグの線で横断することでリスト化できれば、それは可算無限ということだ。

	1	2	3	4	5	6	7	8	-
1	$\frac{1}{1}$	$\frac{1}{2}$	$\frac{1}{3}$	$\frac{1}{4}$	$\frac{1}{5}$	$\frac{1}{6}$	$\frac{1}{7}$	$\frac{1}{8}$	-
2	$\frac{2}{1}$	$\frac{2}{2}$	$\frac{2}{3}$	$\frac{2}{4}$	$\frac{2}{5}$	$\frac{2}{6}$	$\frac{2}{7}$	$\frac{2}{8}$	-
3	$\frac{3}{1}$	$\frac{3}{2}$	$\frac{3}{3}$	$\frac{3}{4}$	$\frac{3}{5}$	$\frac{3}{6}$	$\frac{3}{7}$	$\frac{3}{8}$	-
4	$\frac{4}{1}$	$\frac{4}{2}$	$\frac{4}{3}$	$\frac{4}{4}$	$\frac{4}{5}$	$\frac{4}{6}$	$\frac{4}{7}$	$\frac{4}{8}$	-
5	$\frac{5}{1}$	$\frac{5}{2}$	$\frac{5}{3}$	$\frac{5}{4}$	$\frac{5}{5}$	$\frac{5}{6}$	$\frac{5}{7}$	$\frac{5}{8}$	-
6	$\frac{6}{1}$	$\frac{6}{2}$	$\frac{6}{3}$	$\frac{6}{4}$	$\frac{6}{5}$	$\frac{6}{6}$	$\frac{6}{7}$	$\frac{6}{8}$	-
7	$\frac{7}{1}$	$\frac{7}{2}$	$\frac{7}{3}$	$\frac{7}{4}$	$\frac{7}{5}$	$\frac{7}{6}$	$\frac{7}{7}$	$\frac{7}{8}$	-
8	$\frac{8}{1}$	$\frac{8}{2}$	$\frac{8}{3}$	$\frac{8}{4}$	$\frac{8}{5}$	$\frac{8}{6}$	$\frac{8}{7}$	$\frac{8}{8}$	-
-	–	–	–	–	–	–	–	–	–

に思えるが、今日すべての数学者がカントールに賛成している。しかし、当時はほとんどのカントールの同僚たちが彼を嘲笑し、その成果は無意味だといった。カントールはこの評価に打ちのめされ、深刻な精神病と抑うつ状態に苦しんで、残りの人生のほとんどを病院で過ごすことになった。彼がすっかり年老いたのち、1900年代初頭になって、孤独と貧困のなかで暮らしていたとき、数学界はようやく彼のめざましい業績に気づいたのである。

数えられる無限

　もっとも単純な種類の無限は自然数を含む。数を数えるときに使うのが自然数だ。1からはじまり、1ずつ増えていく。1、2、3、4……ずっと1を足してつづけていける。カントールはこれを可算無限（数えられる無限）と呼んだ。これはむしろ「並べられる」といったほうがいいだろう。すべての数を並べることができるからだ。終わりに到達することはないにしても。同じように数えられる無限は、偶数、奇数、平方数などたくさんある。これらの無限は自然数の無限より小さいと思うかもしれない。結局、偶数は自然数の半分しかないのだから。ともあれ、いまあげたような数はやはり無限だ。

負の方向へ

　自然数は正の値をもっていて、無限に向かって数直線上でどんどん増えていくことはわかるだろう。数直線上に0を加えると、数直線には逆の側が現れる。0より小さい負の数だ。負の数は正の数と同様に働くが、数直線は逆の方向に伸びていく。隣の数より－1ずつ

増えながら（もしくは1ずつ減りながら）。負の数は数直線上を逆方向に、負の無限に向かって進むと考えられる。正の整数と負の整数を合わせたものが整数だ。整数は同様に並べられる無限だが、この無限個の数の集まりは自然数の集まりの2倍だという考えを振り払

Column
無限集合

　数学において、基数とは集合の中にいくつものがあるかを示すものだ。『白雪姫』に出てくるドワーフの集合の基数は7である。『101匹わんちゃん』に出てくる犬の集合の基数は101。無限の集合が含むものの個数は、やはり無限だ。一方、これまで見てきたように、ある種の無限はほかの無限より大きい。この問題を解決するために、カントールは集合の濃度というしくみをつくり、ヘブライ文字でアレフ（$\aleph$）という記号をあてた。もっとも小さな無限、たとえば整数の集合の濃度は$\aleph_0$だ。カントールは実数の並べ切れない集合の濃度が$\aleph_0$の次に大きい$\aleph_1$にあたると仮定した（連続体仮説）。

158

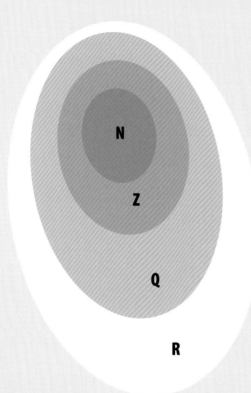

分数は整数をほかの整数で割ることでできているので、ありうる組み合わせをすべて並べることはできると思うかもしれない。まず1/2からはじめて、1/3、1/4、1/5……とつづけていく。これはまさに無限のリストだが、分子が1の分数しか並べられない。2/3や15/28はどうする？　カントールは、すべての有理数を並べられることを証明する、単純だが効果的な、視覚的な方法を考えた。彼は整数が縦横の行列に1から∞まで並んでいるマス目を考えた。これですべての分数をつくる組み合わせがつくれる。つぎに、対角線をジグザグに描くことで、すべての組み合わせをリストに並べる。これはカントールの対角線論法と呼ばれ、その一例を156ページで見ることができる。

■ 可算無限
□ 不可算無限

上の図は、どのように無限がほかの無限を含むかを表している。Nは自然数の無限集合、Zは整数（負の数を含む）の無限集合、Qは有理数、Rは実数だ。

Column
ヒルベルトのホテル

ドイツの数学者ダフィット・ヒルベルトは、学生たちに次の問題を出した。無限の室数をもつホテルがある。人出の多い夜、ホテルは満室だ。一方で無限の数の新たな客が空室を探している。フロント係はどうすべきか？　ホテルは満室なのだ。ヒルベルトはこのフロント係問題を、すべての宿泊客に、いま泊まっている部屋番号の倍の番号の部屋に移ってもらうことで解決した。これで無限の数の部屋が空くことになる。

うのはむずかしい。ともかく、どちらもただ無限である。

有理数を網羅する

　整数は有理数の中の特別な数だ。ほかの有理数といえば分数である。もちろん分数も無限にある。さて、分数を整数のように並べることができるだろうか？

不可算無限をつかむ

　有理数は並べられる無限で、整数と同じ種類の無限だ。そうであっても、ふたつの整数（たとえば1と2）のあいだにある分数は、それだけで整数全部の組と同じ種類の無限になる。別の言い方だと、1と2のあいだには整数全部と同じくらいの分数がある。無理数を因数分解すると、話はもっと唖然とするようなものになる。$\sqrt{2}$やπのような無理数は、数直線上で有理数のあいだにある。無理数の正確な値を数字で表すことはできないから、すべての無理数を並べてリスト化することもできない。したがって、有理数と無理数を含むすべての数の組（実数と呼ばれる）は個数を数えられず、並べることもできない。カントールはこの種の無限は、有理数の無限より濃度が高い（157ページのコラム参照）とした。このような不可算無限は、可算無限より多くの数を含む。可算無限どうしは、その集合の最初の数どうし、その次の数どうしと、永遠に比べていくことができる。これは不可算無限ではできない。最初の数を選ぼうとしても、その数より小さな数が必ずあるからだ。

参照：
ゼロ…30ページ
素数…58ページ
集合…160ページ
グーゴルプレックス…168ページ

集合
Sets

集合は現実世界のもの、あるいは現実世界から収集したデータを整理する有効な方法だ。単純化し、比較することができるようになる。一方、20世紀に訪れた転換点によって数学は危機に陥った。集合の発展的な使い方が、その危機を救うことになる。

数学においては、買い物袋の中の果物と、数が集まった無限集合の扱いは同じだ。これらは似ていないように思えるが、数学にはすべての数を同様に扱う力が

ある。19世紀末、数学が行き当たったある問題にとって、これはとても便利な道具だった。

ルールブレーカー

その問題の発端は超越数（くわしくは148ページ参

この果物の集合はブドウ、赤いリンゴ、ナシなどの部分集合に分けられる。集合理論においては、それがナシであれ数であれ扱いはかわらない。

集合理論は、数学のほかの分野とはちがう用語を使う。有名な用語と、その使い方を見てみよう。

記号	∈	⊂	∪
意味	属する	部分集合	合併集合
使い方	x∈A	B⊂A	A∪C
読み方	x は集合 A に属する x は集合 A に含まれる	集合 B は集合 A の部分集合である 集合 B は集合 A に含まれる	集合 A と集合 C の合併集合

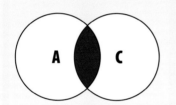 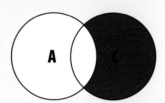 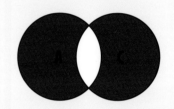

記号	∩	−	Δ
意味	共通集合	補集合	差
使い方	A∩C	C−A	AΔC
読み方	集合 A と集合 C の共通集合	集合 C に含まれるが集合 A には含まれない要素	集合 A と集合 C の差

照）の発見だった。この超越数には有名な数、πやeが含まれ、数学者たちが理解できる数の外に位置する数の集まりだ。超越数はほかの数によって表すことができない。そこでゲオルク・カントールの無限にかんする功績（くわしくは156ページ参照）のおかげで、ほとんどの数は超越数であることがはっきりと示された。わたしたちが理解できる数は非常に特別なものだったのだ。超越数とそのほかの無理数は、整数や分数のあいだを埋めて、数直線を値が途切れない連続体にする。数のあいだに隙間はない。数学全体が、数を別の数で表すことに依存してきたが、無限につづく超越数の連なりが、古典的な手法を拒否した。つづく50年以上にわたって、数学者たちは集合を使って、数学が含む矛盾を明らかにし、それを修正する方法を提案しようとしてきた。その結果生まれた新たなしくみは、コンピューター革命を生み、この世界をかえることになった。

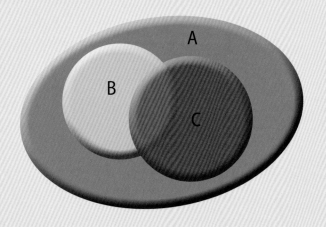

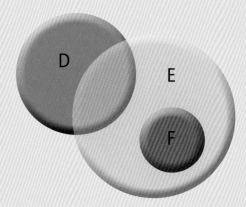

集合と部分集合は、このように
ベン図で表すと効果的だ。こ
の名前はイギリスの数学者ジョ
ン・ベンから来ている。

素朴であれ

集合理論はずいぶん前から存在したが、全面的な見
直しが必要だった。集合の古い理論を素朴集合論とい
う。素朴集合論は現在でも、現実のものを単純な、有
限な集合に置きかえて扱うときに有効だ（ちょっと改
良すれば、無限個の要素をもつ集合にも使える）。

集合の要素

集合は単に、数学的な箱だ。中にはなんでも入れら
れる。たとえば店で買ったものとか。集合に含まれる
ものを要素といい、｛　｝でくくって表す。つまり、買
ったもの＝｛チョコレート、リンゴ、ブドウ、チーズ、
パン｝となる。集合は濃度をもつ。この買い物集合の
濃度は5だ。これは集合がもつ要素の数と同じだ。集
合は集合そのものも要素としてもつことができる。部
分集合だ。先ほどの買い物集合は次のように書きかえ

ることができる。買ったもの＝｛チョコレート、｛果物｝、
チーズ、パン｝。集合の濃度は4になる。部分集合｛果
物｝を、その集合にふたつの要素が含まれるとしても、
ひとつの要素と数えるからだ。果物＝｛リンゴ、ブドウ｝
である。

集合を比べる

集合理論の目的のひとつは、中身をいちいち確かめ
ずに集合どうしを比べられることだ。ほかの集合を考
えてみよう。買い物リスト＝｛チーズ、炭酸水、オレ
ンジ、ブドウ、鶏肉、パン｝。上記の集合と共通集合
をとってみよう。どの要素が両方の集合にあるかを見
るのだ。買い物リスト∩買ったもの＝｛チーズ、ブドウ、
パン｝。今回の買い物はあまりうまくいかなかったよ
うだ。買い物リストの濃度は6、その中で要素3つし
か買ったものには含まれていない。

集合を対照する

買い物リスト集合の補集合をとることで、買い物リ
ストにないのに買ってしまったものが示せた。これは

買ったものから買い物リストを引いたものと等しい。この計算は次のように表せる。買ったもの－買い物リスト＝{チョコレート、リンゴ}。今回の買い物はそんなに失敗でもなかったようだ。チョコレートとリンゴを、オレンジのかわりに欲しくなったのだろう。両方の集合にある要素をすべて示すなら、合併集合をつくればいい。買い物リスト∪買ったもの＝{チーズ、炭酸水、オレンジ、ブドウ、鶏肉、パン、チョコレート、リンゴ}。買い逃したものと、かわりに買ってしまったものが並ぶリストをつくるなら、集合の差をとればいい。買い物リスト△買ったもの＝{炭酸水、オレンジ、リンゴ、鶏肉、チョコレート}

全体集合

素朴集合論には、全体集合という考え方がある。記号ではＵで表す。この集合は問題に登場するすべての要素と、含まれることが想定できるほかのすべての要素を含む。全体集合をとらえる方法のひとつは、店で売られている品物のひとつひとつすべてが対象だと考えることだ。数学においては、全体集合は全体集合自身も含むすべての要素をもつ。この矛盾した考え方が、数学のもっともおもしろいパラドックスを導く。くわしくはのちほど。今のところは、集合理論が数にかんする問題をどう解決したかを知ろう。

無限の要素

買ったものや買い物リストなど、有限な集合と同じく、集合は無限の数を要素にできる。ゲオルク・カントールの無限集合にかんする業績から、同じように無限の要素があっても、量がちがう無限があることがわかった。自然数は無限にあり、集合として{1,2,3,4,5...}と書き出せる。この省略のおかげで、無限の数を書き

Column
嘘つきのパラドックス

わたしたちはみな嘘つきだ

わたしはちがう

嘘つきとはいえない

パラドックスとは真とも偽ともいえる命題のこと。有名なのは「嘘つきのパラドックス」と呼ばれるもので、ギリシャのクレタ島に紀元前600年ごろ住んでいた哲学者エピメニデスが提示したものだ。彼は「すべてのクレタ人は嘘つきだ」といった。彼自身がクレタ人なので、エピメニデスは嘘つきだと仮定せざるを得ない。ということは「すべてのクレタ人は嘘つきだ」も嘘のはずだ。しかしそうするとクレタ人である彼は本当のことをいうことになる。こうやって終わらない議論がずっとつづく。この命題は自己言及を含む。クレタ人がクレタ人について話しているからだ。これは楽しいなぞなぞにすぎないかもしれないが、このような自己言及の問いが数学上で生まれたとき、この問いは数学全体の真実性を問うことになってしまったといえるのだ！

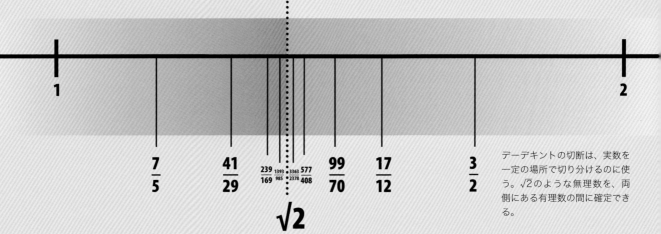

$\dfrac{7}{5}$　$\dfrac{41}{29}$　$\dfrac{239}{169}$ $\dfrac{1393}{985}$ $\dfrac{3363}{2378}$ $\dfrac{577}{408}$　$\dfrac{99}{70}$　$\dfrac{17}{12}$　$\dfrac{3}{2}$

$\sqrt{2}$

デーデキントの切断は、実数を一定の場所で切り分けるのに使う。√2のような無理数を、両側にある有理数の間に確定できる。

つづけなくて済む。この省略部分は「同じように要素を加えつづける」という意味だ。

切れ目をつくる

ある種の無限は集合に記述しつくすことはできない。主なもののひとつは実数の集合だ。実数を並べ尽くすことはできない。そのかわり、無限につづく数の並びを構成する。このような集合がどんな要素をもつ

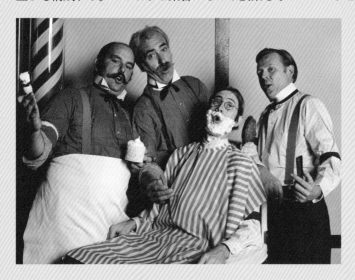

か、どうやったらわかるのか？ 言いかえると、どこでひとつの数が終わり次の数になるのか？ その答えはドイツ人のリヒャルト・デーデキントが1880年代に示した。彼は実数の数直線上のすべての点は、有理数（定義できる数）であれ無理数であれ、ふたつの有理数のあいだに挟まれていることを示した。長い計算を経て、デーデキントは、有理数と有理数のあいだはとても狭く、無理数であいだを埋めることができるという理解に到達した。

床屋のパラドックス

およそ20年後、ウェールズの数学者バートランド・ラッセルは次のようなパラドックスを示した。小さな町に一軒の床屋があり、自分ではひげを剃らない人のひげだけを剃るルールだった。では床屋自身のひげを剃るのはだれか？ もし自分で剃るとしたら、ルールを破ってしまう。床屋は自分でひげを剃らない人のひげしか剃れないからだ。自分のひげを剃らなければ、誰かに剃ってもらわなければならず、それもル

Column
**不思議の
国の集合**

『不思議の国のアリス』のお話は、ルイス・キャロルによって1860から70年代に書かれた。キャロルの本名はチャールズ・ドジソンで、イギリスの数学者だ。物語は数学的アイデアに満ちていて、たとえばアリスは体の大きさをかえられるが姿は同じままだ。アリスがハトに会うくだりは集合理論で読み解ける。ハトはアリスがヘビであり、彼女の生む卵を食べたがっていると責め立てる。ハトは小さな女の子を見たことがなく、彼女の木に来るものはすべてヘビだと思っている。ふたりはヘビ、卵を食べ

る動物、そして小さな女の子の特徴について話し合い、アリスは「一部のヘビも卵を食べるが、一部の小さな女の子も卵を食べる」と主張する。ともかく、ヘビでもある小さな女の子は存在しない。集合が異なるのだ。ハトは納得しなかった。すべてのヘビは卵食いであり、小さな女の子も卵食いなのなら、小さな女の子というのはヘビの一種、もしくは部分集合に過ぎないと。

ディズニー版のアリスでは、三月ウサギは帽子屋にカップ半分の紅茶を頼む。すると帽子屋は三月ウサギのために、カップを真っ二つにする。

現実世界

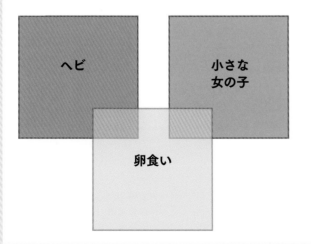

不思議の国

ール違反だ。ラッセルはこのパラドックスで、集合理論がいかに自己言及を使っているかを示した。言いかえると、ある要素を定義するのに同じ定義を用いている。これは矛盾だ。集合理論は数を理解する根底をなしている。ということは、集合理論に意味がなければ、数学自体も意味をなさなくなるのだ！

まったく奇妙なこと

1903年、ラッセルとイギリス人の同僚アルフレッド・ホワイトヘッドは、数学のための集合の新たな規則を打ち立てた。その規則によって、すべての矛盾はとりのぞけるという。なんと1＋1＝2であることだけを700ページを費やして証明したのだ。この仕事は、数学を「完全にする」ためのもので、というのは、完全とは真であるものすべてを矛盾なく証明することを意味するからだ。しかし1931年、ドイツ人クルト・ゲーデルが痛烈な一撃を与えた。彼の「不完全性定理」は、数学の完全なしくみは成立しうるが、そのしくみを数学の完全性を証明するのに使うことはできないというものだ。証明されうる唯一の、証明されえない部分をもたないしくみは不完全であり、だからこそ、証明されえない要素をもつ。これは嘘つきのパラドックスの数学版だ（163ページのコラム参照）。ゲーデルを理解できる程度には賢かった数学者たちは、ゲーデルが数学を殺したと考えた。その後、アラン・チューリングはすべての問題を解きうる空想上の機械を考案しようと試みたが、結局、それは不可能であることがわかった。それでもチューリングのアイデアは、今日のデジタルコンピューターの原型になっている（くわしくは121ページ参照）。

Column バートランド・ラッセル

数学者であるのと同等に哲学者、かつ平和運動家でもあったバートランド・ラッセルは、20世紀イギリスのもっとも著名な知性だった（1970年に98歳で亡くなった）。ラッセルの考えのひとつは、人類は働きすぎているというものだった。彼は社会において、過酷な労働が良いこととされているのを嫌っていた。実際、それは悪であり、なぜなら人々に幸福になるひまが残されないからだ。

参照：
数の発明…10ページ
計算機…114ページ

やってみよう！

　ベン図は情報をうまく伝える以上に美しくもある。この色彩豊かな図にいくつの共通集合があるかわかるだろうか？　下の図ではそれを強調してみたので、数えてみてほしい。

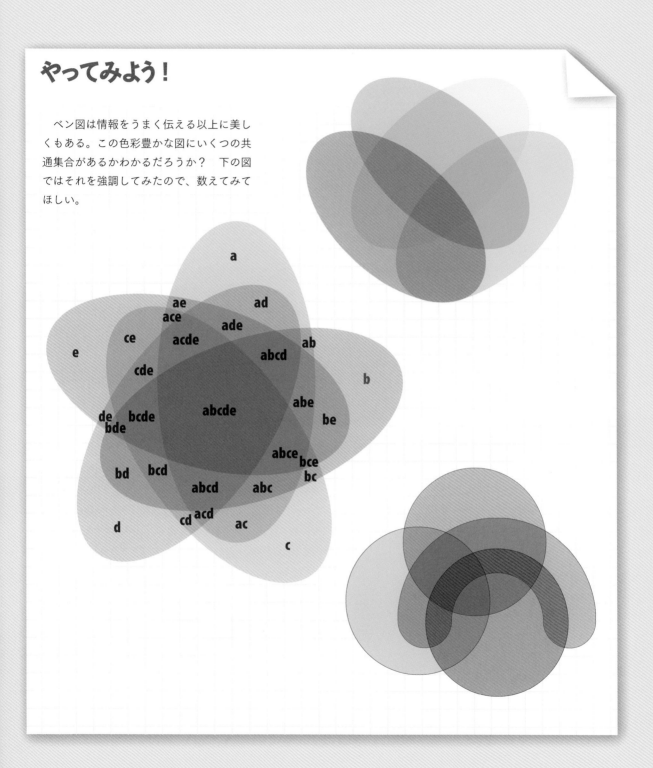

グーゴルプレックス
The googolplex

無限が数ではないとしたら、本当に大きな数とはどんなものだろうか？ 数学においては、特に名前をつけなくても大きな数を記述できるが、1920年、9歳の少年によって、新しく特殊で大きな数に、新たな名前がつけられた。

大きな数はすぐに理解の範疇を超えてしまう。人間は1桁の数で表せる少しの量のものに慣れていて、いくらか大きな量、20とか30くらいまでならかんたんに数えられる。それ以上数えるのもある程度は楽しめるかもしれないが、大半の人はやりたがらないし、日常生活の中でそれより大きな数を扱うのはためらわれる。わたしたちは「何個か」とか「数十」とか「100くらい」という言い方をする。これらはすべて推定で、多くの場合それで済む。もちろん、数学ではそうはいかない。とは言いつつも、正確な数によって値がわかると気分がよかったりもする。たとえば、以下の数を並べかえるのはかんたんだ。2001、202、23001。一方で、大きな数で表される量を正確に見積もろうとはしない。なにかのものの集まりを「1000ほど」と言うとき、それは見積もりではなくあてずっぽうだ。わたしたちの精神は、現実の量の1000、5000、10000を見た目で区別するようにはできていない。海岸の小石の数や、森の木の本数を当てることはできない。

予測システム

数学はもちろん別の方法を使う。標本化（サンプリング）という手法では、大きな量の一部を数え、それを何倍かして全体量を推測する。「よんじゅうさん」ではなく43と書く科学分野での標準表記もしくは桁の数（指数の項参照。76ページ）で表すと、人間の尺度を大きく超える数も扱いやすくなる。つまり、6兆と書かずに6,000,000,000,000または6×10^{12}の形で表すのだ。見てのとおり、このように略して書くと「6のあとに0が12個」が6兆と等しいことを示す。

グーゴルは1に0が100個つづく数だ。

100000000

大きな数を小さな数で表す

^{12}は桁の数または指数が12であることを表す。指数が13になれば数は10倍、または桁の数が増える。つまり桁の数は数の大きさを比べる簡便な方法だ。1オンスのダイヤモンドに含まれる原子の数はおよそ$1.2×10^{24}$だ。1兆（$1×10^{12}$）と比べてみよう。ダイヤモンドに含まれる原子の数は、1兆の2倍ではない（これはよくある間違い）。1兆倍だ！

新たな数

数の驚異は、自然界に存在するよりはるかに大きな数でも扱えることだ。このことに興味をもったのがアメリカ人エドワード・カスナーで、彼はとてつもなく大きな数の特徴を追求した。彼の最大の功績は偶然訪れた。1920年、カスナーはふたりの甥っ子と散歩しながら、巨大な数の話に興味をもたせようとしていた。

エドワード・カスナーはアメリカの数学者で、グーゴルを世界に紹介した。

彼らの関心を引くために、カスナーは100個0がつく数の名前をつけるよう頼んだ。9歳のミルトンは答えた「グーゴル（googol）」。

Column
巨大な社名

1990年代半ば、セルゲイ・ブリンとラリー・ペイジ、ふたりのスタンフォード大学数学科の大学院生は、自分たちの新しいウェブ検索サービス会社の名前を考えていた。友人のひとりがグーゴルはどうかと言ったが、綴りを間違えてgoogleとしていた。ふたりはその間違った綴りを社名にすることにした。その結果、Googleという新しい会社を1998年9月4日に設立した。会社のその後の歴史はインターネットの歴史そのものだ。グーグル本社は北サンフランシスコにあり、グーゴルプレックスと呼ばれている。

Column
巨大数

ミリオン	10^6
ビリオン	10^9
トリリオン	10^{12}
クアドリオン	10^{15}
クイントリオン	10^{18}
セクスティリオン	10^{21}
オクトリオン	10^{27}
ノニリオン	10^{30}
デシリオン	10^{33}
アンデシリオン	10^{36}
デュオデシリオン	10^{39}
トリデシリオン	10^{42}
クアトロデシリオン	10^{45}
クインデシリオン	10^{48}
セクスデシリオン	10^{51}
セプテンデシリオン	10^{54}
オクトデシリオン	10^{57}
ノーベンデシリオン	10^{60}
ビジンティリオン	10^{63}
センティリオン	10^{303}

グーゴル乗

ミルトン（とカスナー）は、グーゴルは無限とはちがうことがわかっていた。より大きな数、散歩者たちがグーゴルプレックスと呼ぶことにした数だって想定できる。彼らはグーゴルプレックスという、1のあと

にもう書くのに疲れてしまうような数の0がつづく数も考えた。のちにカスナーは、グーゴルプレックスの意味を正式に定めた。10のあとにグーゴル個の0がつづく数だ。

自然界の数を超えて

グーゴルは10の100乗で、わたしたちの想像力を超えた巨大な数であり、これまでに扱われた数より何兆桁も大きい。グーゴルは自然界に存在するものでは説明がつかないくらい大きい。宇宙に存在する素粒子

ブラックホールは宇宙空間の超高密度物体だが、グーゴル（1×10^{100}）年の寿命があるといわれる。宇宙は誕生以来いまだ13.8×10^{12}年しか経っていないので、ブラックホールはまだずいぶん若いことになる。

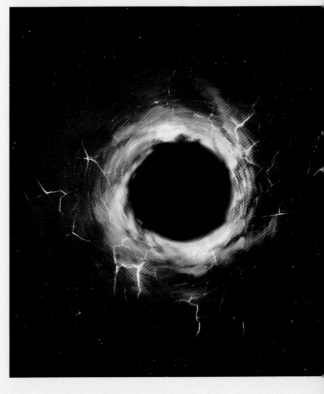

名前のあるもっとも大きな数

グーゴルプレキシアンは $10^{googleplex}$ で、10のあとにグーゴルプレックス個の0がつづく数だ。これは名前があるもっとも大きな数だと言われている。$10^{googleplexian}$ をどう呼べばいいだろうか？

$$Googolplexian = 10^{googolplex} = 10^{10^{10^{100}}} = 10^{10^{10^{10^{10}}}}$$

などの数は 10^{80} 個だと試算されている。この数だってグーゴルより小さい。とはいえ、グーゴルを紙に書き表すことはできる。十分な忍耐力ととてもとても大きい紙があればだが。

宇宙を超えて

グーゴルプレックスは 1×10^{googol}、または $10^{10^{100}}$ だ。10の10乗の100乗ということになる。グーゴルの0が100個どころではなく、この数はそのあとにもう説明する言葉がないくらいたくさんの0がつづく。カール・セーガンは著名なNASAの科学者で、科学の啓蒙家だったが、グーゴルプレックスが書かれた紙を想像することで総括した。かれは、もしその紙が存在す

るなら、既知の宇宙に収まるには大きすぎるだろうと語った。グーゴルプレックスは1立方メートル内に存在する量子状態より多い。量子がその空間でとりうる状態にはおよそ $10^{10^{70}}$ 種類あると言われる（この体積はざっと大人1人の体の体積と等しい）。つまり、もし $10^{10^{70}}$ メートル移動したら、1立方メートル内に収まるだけの可能な物体（もしくは空間）を通り過ぎることになる。より遠くに行けば、これらの物質とまったく同一のものを見ることになるだろう。距離がグーゴルプレックスになる前に、自分自身のコピーに何度も会うことになるのだ！　ともあれ、最後はセーガンに締めてもらおう。「グーゴルとグーゴルプレックスは実際、1と同じくらい無限からはかけ離れた数だ」

$$10^{(10^{100})}$$

これはグーゴルプレックスをいちばん単純に書き表したもの。ほかの方法はとても思いつかない。

参照：
べき乗…76 ページ
対数…98 ページ
無限…152 ページ

情報理論
Information theory

1 と0という数は数値をデジタルコンピューターに与え、情報理論は数学の一部門であり、コンピューター上のファイル、電子メール、そしてインターネットに導くものだ。

デジタルコンピューターは入り組んだスイッチの集まりによって操作され、ひとつの回路につながっている。コンピュータープログラムはこれらのスイッチのオン・オフを操作し、指令と規則が組織されて、コンピューターは入力に対して希望通りの出力を返す。これは数を入れて計算の答えが出てくるのと同じくらい

単純で、記録されたコードを入力するとテレビ番組やテレビゲームがスクリーンに再生されるのと同じくらい複雑な機構だ。

数によって操作する

スイッチはふたつの状態を取りうる。オンとオフ、そのあいだはない。つまりスイッチの活動はふたつの数だけで操作できる。0はオフで、1がオンだ。コンピュータープログラムは1と0の連なりだけで記述される（あるいはのちにその形に変換される）。コンピューターのプロセッサでは、0と1は回路の領域ごとに電気の流れがオン（1）の部分と、オフ（0）の部分とを分ける。

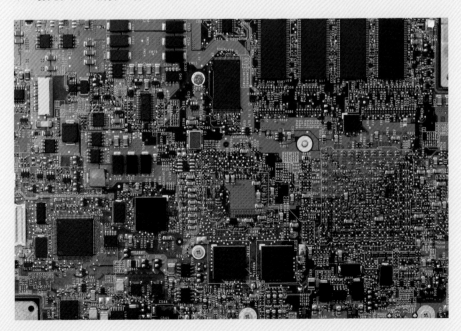

コンピューターのマザーボードは電子部品の塊で、バイナリ数で構成された情報を扱うためにつくられている。

パリティビット

情報理論はすべての情報を1と0に変換する。コンピュータープログラム、画像、テキストのドキュメントの形にもなるが、最終的にはこれらはすべて単なる情報だ。デジタルコードはほかのどの方法より効率のよいコミュニケーション手段だが、エラーも入りこむ。一方、コードには、なにかおかしなことが起こったときにそれを示すエラーテストを組みこめる。テストの一例はパリティビットだ。パリティビットは単純な合同算術を使って、受け取った信号と送られたものが同じか照合する。

Aが送りたい信号：1001

Aはパリティビットを計算する：1 + 0 + 0 + 1 (mod 2) = 0

Aはパリティビットのケタを足して送る：10010

Bが受け取った信号：10110

Bはパリティビットを計算する：1 + 0 + 1 + 1 (mod 2) = 1

Bは計算したパリティビットと受け取った信号が合わなかった旨を報告する。信号が再び送られる。

熱い真空管

初期のデジタルコンピューターは、スイッチが電球のようなガラスの真空管でできていた。この管は非常に熱くなるし、大量のエネルギーを消費した。バイナリコードでプロセッサを操作していたころ、初期のコンピューター研究者たちはより大きな基板を使って入力と出力を扱うようになった。バイナリコード（二進数を使ったコード）は非常に長ったらしく、回路はそれに応じて、エネルギー食いの真空管を大量に必要とし

た。ほかの回路を使えばかなりエネルギー節約になる。

冷たいシリコン

1947年、最初のトランジスタが発明された。「電子」スイッチがシリコンの上に置かれたものだ。これまでのスイッチのような動く部品はなく、「シリコン半導体」の導体（電気を通す）と絶縁体（電気を通さない）のどちらにも切りかわる性質を利用していた。トランジスタと、同じ働きをする電子部品はかなり小さく、真空管よりエネルギー消費が少なく、すぐにより複雑な回路が組み立てられ、現代のコンピューターにも使われているマイクロプロセッサへと進化した。

バイナリに戻る

シリコンを使ったコンピューターは、すべて二進数を使って動くように構成された。0と1で動くのはプロセッサだけでなく、コンピューターが取りこむもの、吐き出すもののすべてがその形になった。この変化はクロード・シャノン、アメリカの数学者にして技術者に多くを負っていた。1937年、若干22歳で、彼は「ブール数学（くわしくは137ページ参照）は、二進数によって動く物理的な『論理機械』にどのように活用されるか」というテーマの博士論文を発表した。これは最初の本格的なデジタルコンピューターがつくられるより10年も早く、シャノンの論文は「20世紀でもっとも重要な博士論文」と呼ばれた。

論理ゲート

コンピューターの電子的なスイッチは、ゲートと

Column
ビットとバイト

　ビットは二進数の単位（binary unit）の略だ。1ビットは情報の1つの塊で、0でも1でもありうる。この言葉が最初に登場するのはクロード・シャノンの1948年の論文だが、言葉自体はより早くジョン・テューキーによってつくられていた。ビットは二進数で数えられる。4ビット（2^2）は1ニブルで、8ビット（2^3）は1バイトだ。初期のコンピューターは情報を8ビット（1バイト）の文字列で操作していて、もっとずっと大量の情報は下のような単位で測られる。グーグルのデータセンターは約15エクサバイトの情報を保存している。

ビット	b	-
ニブル	nb	4ビット（1/2バイト）
バイト	B	8ビット
キロバイト	KB	2^{10} バイト
メガバイト	MB	2^{20}
ギガバイト	GB	2^{30}
テラバイト	TB	2^{40}
ペタバイト	PB	2^{50}
エクサバイト	EB	2^{60}

呼ばれる単純な回路でできている。それぞれのゲートはブール数学による制御を行うようにできている。ブール数学は1と0だけで動くことを思い出してほしい。答えもまた0か1にしかならない。特定のゲートを通りうるすべての入力と出力は、真理値表という、もともと哲学者によってつくられ、いまはコンピューター科学者に使われるシステムに記されている。

警戒予報

　第二次世界大戦の混乱ののち、シャノンは新たな論文を1948年に執筆した。この論文は「情報化時代のマグナ・カルタ」と呼ばれている。論文は50年先を行っていたといわれる。というのは、シャノンは論文の中で、二進数、あるいは「ビット」の形の情報をいかにして保存し、送信するかを説明しているからだ。

アナログ波

　実際、シャノンの論理数学、また情報数学上の成果はコンピューター革命とワールドワイドウェブを生み出した。初期の彼の研究は、音声信号を運ぶ電話回線網に集中していた。回線網は大量の銅線の束でできていて、世界に縦横に張り巡らされ、大洋を海底ケーブ

クロード・シャノンは人工知能の開拓者でもあった。下の写真は、彼とテセウスという機械のネズミだ。テセウスは迷路の回答を覚えることができた。

AND ゲート

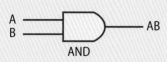

A	B	AB
0	0	0
0	1	0
1	0	0
1	1	1

AND ゲート

OR ゲート

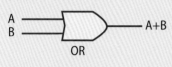

OR ゲート

A	B	A+B
0	0	0
0	1	1
1	0	1
1	1	1

NOT ゲート

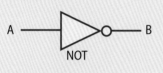

NOT ゲート

A	B
0	1
1	0

NOT-AND（NAND）ゲート

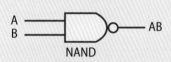

NAND ゲート

A	B	AB
0	0	1
0	1	1
1	0	1
1	1	0

NOT-OR（NOR）ゲート

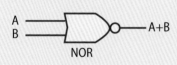

NOR ゲート

A	B	A+B
0	0	1
0	1	0
1	0	0
1	1	0

5つのブール論理ゲートはコン
ピューターと論理表、どんな入
力に対してどんな出力があるか
を示す表に使われる。

ルでまたいでいた。回線は変調された、もしくは定期
的に上下するアナログ信号を運んだ。その変調が情報
を伝達していたのだ。アナログ信号は回線を運ばれる
過程で小さくなり、頻繁に増幅しなければならなかっ

Column パケット交換

あるコンピューターからメッセー
ジを送るのに、相手のコンピュー
ターに直接接続する必要はない。そ
のかわり、パケット交換と呼ばれる
しくみが使われる。データは多くのパケットに分けら
れ、ネットワークの中を独立して動き回る。それぞれ
のパケットにはコード化された「ヘッダ」があり、も
とのデータの所属先を示してくれる。

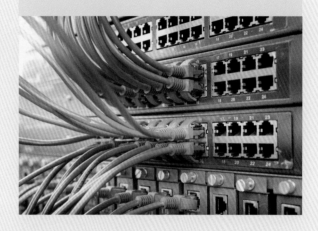

た。しかし信号を増幅すればするほど、そのしくみは
「雑音」、もしくは回線を運ばれる信号をもたない波も
増幅した。その雑音はしばしば情報をかき消した。

デジタル革命

シャノンはデジタル信号は扱いやすいだけでなく、
単純な数ゆえに、伝えるべき情報を圧縮したり変換し
たりいろいろなメディアに保存したりすることもでき
ることを示した。

参照：
素数…58 ページ
二進法とほかの底…130 ページ

メルセンヌ素数
Mersenne primes

特 別な種類の素数の集まりがあり、それはほかの、より小さな素数に基づく単純な公式を使ってできる。これらの数を**メルセンヌ素数**という。

2を2乗して1を引いてみよう。$2^2 - 1 = 3$だ。2も3も素数だ。素数は自分自身と1だけで割り切れる数であることを思い出してほしい。では、もう一度計算してみよう。ただし指数は2ではない。次の素数である3だ。$2^3 - 1 = 7$。再びこの答え7は素数だ。どうもなにかのお膳立てをされているようだ。すべての素数に同じ関係が成り立つのだろうか?

素数の法則!?

使っている式はこうだ。pは素数として、$2^p - 1 =$ 別の素数。これはすべての素数に当てはまるだろうか? $p = 2$と$p = 3$のとき成り立つことはすでに見た。次の素数、5ではどうだろうか? $2^5 - 1 = 31$。おっと、31は同様に素数だ。$2^7 - 1 = 127$、これも素数! どうも成り立つようだ。

素数の部分集合

7の次の素数は11だ。さて、$2^{11} - 1 = 2{,}047$。この数は素数のように見えるし、多くの人がそう考え

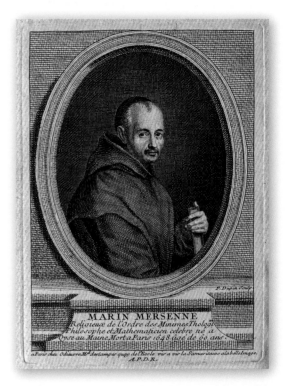

メルセンヌ素数は17世紀フランスの僧マラン・メルセンヌにちなんで名づけられた。

た。一方1536年、ドイツ人のウルリッヒ・リーガーが2,047は合成数であることを示した。23と89という素因数をもっていたのだ。したがって、すべての素数が$2^p - 1$に当てはまるわけではない。しかし、この式でどれだけの素数を発見できるかに移った。しかし、計算結果の数が素数かどうかを確かめるのがむずかしく、難航した。

$M_p = 2^p - 1$

初期の誤り

　1603年、イタリアの数学者ピエトロ・カタルディは17と19で素数ができることを示した（それぞれ131,071と524,287）。一方、彼は誤りをおかした。というのは、23、29、31、そして37でも素数ができると述べたからだ。実は31は合っていた（ただしカタルディは計算を間違えていた）。ともかく、大きな

合成数を素数と見誤るのはよくあることだ。その数が素数だということを示すには、その数より小さな素数で順番に割っていくしかないのだから。もしそのすべてで割り切ることができなければ、対象の数は素数だ。問題は、カタルディが2^{37}より小さい素数の完全なリストをもっていなかったことだ。

数学僧

　$2^p - 1$を満たす素数は、マラン・メルセンヌを強烈にひきつけた。彼は17世紀半ばのフランスの修道士で、世界でもっとも多くの人脈をもった数学者だ。彼

　マラン・メルセンヌは、同時代の多くの偉大な数学者や科学者たちと日々交流し、ともに活動した。メルセンヌは彼らのあいだを行き交う新しいアイデアの中心になり、多くの発見がメルセンヌのネットワークから生まれた。彼の死から20年後の1648年、最初の公式な科学アカデミーが誕生し、知識を分かち合う場となった。

ガリレオ

クリスティアーン・ホイエンス

ルネ・デカルト

ピエール・ド・フェルマー

ブレーズ・パスカル

p	Mp		
2	3		
3	7		
5	31		
7	127		
13	8,191	1456	不明
17	13,1071	1588	ピエトロ・カタルディ
19	52,4287	1588	ピエトロ・カタルディ
31	2,147,483,647	1772	レオンハルト・オイラー

最初からいくつかのメルセンヌ素
数と、それぞれが発見された年。

は輝く知性をもつヨーロッパ中の人々と密接なつながりをもち、そのうちの何人かは彼のパリの男子修道院を訪れた。彼はカタルディの発見には同意せず、31、67、127、そして257は規則に従っていると主張したものの、具体的な計算では示せなかった（レオンハルト・オイラーが $2^{31} - 1$ が素数であることを証明するまで、その後100年かかった。もう100年かかって、エドゥアール・リュカが、39桁に及ぶ $2^{127} - 1$ が素数であることを示した）。

偉大なる失敗

彼は素数を自ら発見できなかったものの、これらの素数はメルセンヌ素数と呼ばれた。この考え方を広めた彼の功績を記念してのことだ。メルセンヌ素数もしくは M_p は、$2^p - 1$ と等しい数だ（$2^p - 1$ を満たすが素数でない数は、単にメルセンヌ数と呼ばれる）。メルセンヌ素数が人々の関心をひく理由はふたつある。ひとつは、それらがすでに発見された素数とつながるからだ。既知の素数をもとにかんたんに新たな素数を見つけることができる。ふたつめは、メルセンヌ素数が別の魅力ある数を発見する手段になるからだ。

完全数

はるか昔、紀元前4世紀ごろ、ユークリッドはのち

Column
GIMPS

The Great Internet Mersenne Prime Search（GIMPS）は、数学のもっとも大きな一般参加プログラムのひとつだ。素数の探索には多くのコンピュータの処理能力が必要なので、素数探索プログラムを各自のパソコンにインストールしてもらい、みんなで探索するという方式だ。このソフトはパソコンが起動している限り動きつづけ、結果を中央サーバーに送っている。プログラムは1996年からつづいており、15万人の参加者と100万台以上のパソコンを動員している。今日までに、GIMPSは既知のメルセンヌ数49個のうち15個を見つけている（原著発行時点）。

$$6 = 1 + 2 + ⓷$$
$$28 = 1 + 2 + 4 + ⑦ + 14$$
$$496 = 1 + 2 + 4 + 8 + 16 + ㉛ + 62 + 124 + 248$$
$$8128 = 1 + 2 + 4 + 8 + 16 + 32 + 64 + ⑫⑦ + 254 + 508 + 1016 + 2032 + 4064$$

完全数の約数。これら足し合わされる数は、常にメルセンヌ素数を含む。

にメルセンヌ数となる数に興味をひかれた。彼は、もし $2^p - 1$ が素数なら、$2^{p-1}(2^p - 1)$ は完全数となることを示した。完全数は、自らの約数（ある数を割り切る数）の和と等しくなる数だ。大半の数は不足数だ。これは、約数を全部足してももとの数より小さくなることを意味する。たとえば、10の約数の和（1＋2＋5）は8になる。いくつかの数は過剰数で、これは不足数の逆だ。たとえば、12の約数の和（1＋2＋3＋4＋6）は16だ。ともかく、完全数は非常にわずかだ。もっとも小さな完全数は6で、約数をすべて足すと6になる（上を参照）。既知の完全数は49個しかなく、それぞれがメルセンヌ素数とかかわっている。完全数は無限に存在するが、そのすべてが偶数かどうかもわから

ない。いまのところ既知の完全数はすべて偶数だ。なぜ無限にあるとわかるかというと、素数は無限にある以上、素数の集合に含まれるメルセンヌ素数の集合もまた無限だからだ。

探索はつづく

素数を探すことは、可能な限りの計算をつづけるということだ。したがって、コンピューターの能力が向上したここ数十年は、メルセンヌ素数がこれまでとは比べものにならない早さで発見されるようになった。クラウドを資源としたGIMPSプロジェクトがはじまったあとに、既知のメルセンヌ素数のうち3分の1が発見されている。最新の成功は2016年で、その数は最大のメルセンヌ素数であるだけでなく、最大の素数でもあった。もう未発見のメルセンヌ素数が44番目のメルセンヌ素数までの数の中に隠れていることはないが、おそらく45番目と49番目のメルセンヌ素数のあいだにはあるのではないかといわれている。

Column
最大のメルセンヌ素数

49番目のメルセンヌ素数は2016年に発見された。単純に書き表すと、$2^{74,207,281} - 1$ となる。なぜならこの数は22,338,618桁あるからだ。この新たな数は、最大のメルセンヌ素数であるだけでなく、今日まで見つかっているどの素数よりも大きい数だ。この発見のおかげで、新たなもっとも大きな数を計算できるようになった。その数はおよそ44,677,235桁あるという。

$$M_p = 2^{74,207,281} - 1$$

参照：
素数…58 ページ
べき乗…76 ページ
無限…152 ページ

用語集 Glossary

アルゴリズム
数学的な命令リストで、命令が正確な順序に従っていればつねに正しい結論が出る。

因数
ほかの数とかけ合わせてより大きな数をつくる数。

円周
円1周分の長さ。

階乗
正の整数で、一定の数より小さいか等しい数のかけ算。4の階乗は4!と表し、$1 \times 2 \times 3 \times 4$を意味する。

かけ算
同じ数を何度か足し算する計算。かけ算の結果を積という。

基数
記数法において使われる数字の個数。

位取り数
一定の位置（位）に数を書くことで一定の大きさを表す数。

計算
数学上の活動。足し算、かけ算、べき乗はすべて計算の例。

係数
式の中でかけられていて変数でない値。$c = 2 \pi r$では2πが係数。

弧
円周の一部。

公式
決まった値を計算するのに使う等式。

根
指数の下に書かれる数で、その数にその数自身を一定の回数かけ合わせる。

算術
数や数列に決まった数を足したり引いたり（あるいはかけたり割ったりべき乗したり）すること。

指数
ある数を何度かけ合わせるかを示す数。

数列
一定の規則に従って次の数へと変化していく一連の数。

積
かけ算の答え。

素数
その数自身と１だけで割り切れる整数。

足し算
数を合わせて、１つのより大きな数にすること。足し算の結果を和という。

定数
公式の中でかわらない数。πは数学定数だ。

度（記号は「°」）
円を切り分ける方法。完全な円は360°

等式
等号をもつ等式。例：$2x = 3y$

等比級数
数や数列を一定の数でかけるか割るかしつづけること。

濃度
集合にいくつの要素があるかの尺度。

倍数
その数より小さな数を何倍かした数。

半径
円の中心から円周までの距離。

平方根
2乗するとある数になる数。

べき乗
指数をもつ数の計算。

約数
その数より大きな数を割り切る数。

ラジアン
円周の一部を半径とのかけ算で測って円を切り分ける方法。

割り算
かけるとある数がほかの数になる数を出す計算。残る数をあまりという。かけ算の逆。

割符
日本で普及している「正」の文字などを書いて数を数える「画線法」と同じ。

索引 Index

184

図版クレジット

著 者 ....

トム・ジャクソン Tom Jackson

イギリスの科学ライター、編集者。ブリストル大学で動物学を学び、イギリス海峡ジャージー島やイングランド南東部のサリー州の動物園で働く。科学技術を生き生きとした歴史物語として語り直すことを得意とし、約25年にわたり、科学や数学を楽しく学ぶ新しい方法を提案してきた。

訳 者 ....

緑 慎也 （みどり・しんや）

1976年、大阪生まれ。出版社勤務、月刊誌記者を経てフリーに。科学技術を中心に取材活動をしている。著書『消えた伝説のサルベンツ』（ポプラ社）、共著『山中伸弥先生に聞いた「iPS細胞」』（講談社）、翻訳『大人のためのやり直し講座　幾何学』『デカルトの悪魔はなぜ笑うのか』（創元社）など。

ビジュアルガイド もっと知りたい数学①
「数」はいかに世界を変えたか

2020年1月10日　第1版第1刷　発行

著 者	トム・ジャクソン
訳 者	緑 慎也
発行者	矢部敬一
発行所	株式会社 創元社

https://www.sogensha.co.jp/
本社　〒541-0047 大阪市中央区淡路町4-3-6
Tel.06-6231-9010　Fax.06-6233-3111
東京支店　〒101-0051　東京都千代田区神田神保町1-2 田辺ビル
Tel.03-6811-0662

装 丁	寺村隆史
印刷所	図書印刷株式会社

© 2020, Printed in Japan
ISBN978-4-422-41440-9 C0341

本書の感想をお寄せください
投稿フォームはこちらから ▶ ▶ ▶